天下文化
BELIEVE IN READING

THE ONLY SALES GUIDE YOU'LL EVER NEED

金牌業務

9種心態＋**8**項技巧，決定你的業績表現

國際知名演說家、知名銷售部落客
安東尼・伊安納里諾（Anthony Iannarino）◎著

吳書榆◎譯

目 錄

1. 心態

2. 技巧

銷售成功與否，關鍵在你

現今的銷售圈裡，流行起許多前所未見的主張，每個人都在找捷徑，設法覓得輕鬆簡單的方法，以提高銷售成績。不管是銷售領域的領導人，還是個別的業務員，都在不斷尋找最新的心法、工具或流程，期望能得到魔法子彈，一槍中的。遺憾的是，目前的銷售領域中，有許多廣受歡迎的作家、部落客與所謂的專家（有些人根本是江湖郎中），他們源源不絕提出動聽但無效的廢話，取悅懶惰、絕望的業務，並樂此不疲；愛聽這些話的業務，面對能夠促成成功的行動，不是害怕去執行，就是不想做。讓人難過的是，全心投入、具備野心的業務，即使致力於磨練自身技能，有時候也會被迷惑。

但是，進入安東尼·伊安納里諾及本書打造的世界，你會發現像這樣的書不多，更少有作者願意分享殘酷的

現實。安東尼不講你想要聽的巧言好話，提的也不是另一套「快速致富」的方案，或類似「不運動且加倍攝取碳水化合物也能減重」的說法。他反而掀開重重帷幕，揭露深埋的事實，探討哪些人可以在銷售上大獲全勝、為何能勝出，以及他們是怎麼辦到的。

如果你期待找到速效的解方，我先道歉，這本書恐怕不適合你。但是，如果你已經準備好要了解為何頂尖業務能在競爭中一枝獨秀，而且也確實真心想成為銷售專家，年復一年大獲全勝，那就恭喜你了！你找對作者，也挑對書了。

在這本書中，安東尼要解決的是一個關鍵的核心議題，而且，老實說，這是唯一有實質意義的問題：為何少數成就非凡的業務，表現持續超越同儕？

過去五年來，我密切追蹤安東尼，相信他有獨特的地位、也有資格來回答這個問題。我不太確定他都什麼時候睡覺。安東尼在一家很成功的人力資源公司，擔任合夥人兼高階主管，領導一支高績效的業務團隊，也經常針對各種重要的銷售主題，到各國發表演說。過去幾年來，他還找到方法，每天都發布一篇談銷售的部落格文章，讀者成千上萬。沒錯，安東尼很了解銷售這門知識，也了解業務與銷售主管，他還很大膽，樂於把所有需要了解的事細說分明，不會光講中聽的好話。當我在

銷售領域需要指點時，他是世上少數幾個我會詢問的人。

本書立基於一項非常重要的前提：表現最差的人會說，銷售成功與否完全視情況而定。錯得離譜！重點不在市場、產品、公司或競爭，重要的只有業務一個人。

此外，銷售成就並非神祕的謎團，甚至差得遠了。你要做的，就是檢視各家企業、各個產業裡最頂尖的業務。他們完全展現多項安東尼所述的特質！這不是意外或巧合，這些一流業務都理解，並且認同「自己是個人銷售成就的關鍵」。

本書處處生花妙筆，而且條理分明。第一部檢視能創造銷售成果的心態與作為，作者的安排讓人耳目一新，他沒有先解釋頂尖業務「如何」成功，反而先讓讀者了解他們「為什麼」能持續獲勝。不過，如果你不願意觀照反省，評估第一部所述的特質要素，直接跳入第二部照本宣科執行，實際上並無意義。重要的是先展現必要的心態，一旦明白哪些行為能導向成功，便能把注意力轉向培養技能。這種做法在生活中有效，在人際關係中有效，在運動中有效，在所有的商業領域有效，在銷售領域上尤其有效。

安東尼不藏私，開頭第一章就直接從困難的部分切入，檢視自律以及「自我管理」的重要性。請千萬不要

跳過這一章，或是隨意翻閱了事，因為之後很多要素，都建立在這一章的基礎事實上。

當你讀完第一部針對心態編製的專家課程，就會在第二部面臨技巧培養的課題，它不僅威力無窮，而且務實好用。第一部傳授的特質、態度與行為，能讓你在銷售領域穩站優勢，第二部提及的技巧，則告訴你如何有效發動攻擊，以及果斷贏得勝利。安東尼竭盡全力檢視所有重要的元素，暢談從開發客戶（開啟關係）到成交（獲得承諾）之間的所有細節。你將會學到，如何說出更動聽的故事，提出更犀利深刻的問題，讓你得以在競爭當中脫穎而出，並有助於推動客戶行動。最後幾章督促你更上一層樓，提升技能水準，幫助你面對較複雜的業務銷售案時能提高績效率。

安東尼提出強力的論證，指出在現今社會要獲得成功，光是當個出色的業務還不夠，更必須成為出色的企業家。他還分享寶貴的祕訣，幫你強化商業思維，以便在客戶眼中脫穎而出。他也保證，你一定能從本書中理解營造共識的重要性，以及如何摸透夢寐以求的大客戶所屬的組織，藉此和不同的利害關係人建立關係，熟練發動攻擊、把握最佳機會，最後達陣得分。

若你有心想在銷售上贏得多而且贏得久，請弄一杯你最愛的飲料，拿一支螢光筆、一本筆記簿和一支筆，

然後翻開這本書。我向你保證，本書絕對會提供必備條件，讓你成為頂尖業務。敬請享受這番蛻變過程。

麥可・韋柏格（Mike Weinberg）

新銷售教練公司（New Sales Coach）總裁，著有《簡化銷售管理：讓銷售團隊創造出非凡成果的坦率事實》（*Sales Management Simplified: The Straight Truth about Getting Exceptional Results from Your Sales Team*）。

銷售的成功方程式

我是誤打誤撞成為業務的。

高中快畢業的時候，我在俄亥俄州哥倫布市（Columbus）退伍軍人紀念會堂（Veterans Memorial Auditorium）看了一場出色的搖滾樂表演，主角是英國的白蛇樂團（Whitesnake）。我當年僅17歲，看到觀眾席的女孩們如何為主唱大衛・科佛戴爾（David Coverdale）歡呼，演唱會後便打電話給我哥麥可（Mike），跟他說我們也得組個搖滾樂團才是。而且是馬上。

我們的小樂團表現不俗，短短幾年，就在哥倫布市最棒的幾家夜店表演。21歲時，我很想成為大明星，因此一路奔向洛杉磯，決意在某個新籌組的重搖滾樂團裡成為主唱。但是，我白天還是需要一份工作養活自己。由於我曾經在家族經營的臨時派遣人員公司擔任招募人

員，因此我在一家類似的公司工作，專為洛杉磯市內及周邊各式各樣企業提供臨時人員。

我在這家人力資源公司工作幾個月後，聘我進來的經理被召回紐約市處理家裡的急事，我不得不面對新任的經理，這是大家最不想要也最不需要的那種主管。他上任的第一個星期大致上對我視而不見。我正在處理一家輕工業客戶，面試應徵倉儲工作的人，當時的我髮長及腰，新長官可能不太欣賞我，而且我看起來完全不像得力助手，難以幫助他壯大這間分公司。

然後，有一天，他跑來找我，問道：「業務要做什麼事？」

我不是很清楚他要問什麼，因此給出一個彆腳的答案，說是打電話到企業裡推銷並拿下訂單。

他一臉不耐煩地再說一遍：「我們公司的業務做什麼事？」

突然間，我知道他要問什麼了。他認為辦公室裡那三名業務實在沒做太多事，他說的沒錯。但是我沒說太多，因為不想出賣同事。當時我無法預知，後來一個月內三名業務會全都打包走人。

我很確定，新任經理之所以留下我，是因為他知道我認真工作。雖然我從沒說過自己在做業務，但我不僅想辦法完成客戶的訂單，還主動推銷並贏得客戶。

我們公司的業務不願意出門去推銷，因此整個團隊都慘遭開除，之後，這位新經理又來找我了。這次，他還帶了一張紙，上面列了一些我們的客戶。「這些是誰的客戶？」他問。

我答：「這些是我的客戶。」

「你是怎麼得到這些客戶的？」他的語氣裡帶著不少的批判意味。我知道，他想說的實際上是：「像你這種人怎麼能贏得這些客戶？」

我回答：「我就拿起電話打過去，問問看能不能幫什麼忙。有些人說好，那我就去拜訪他們。其中有些人就下訂單給我。」

我從小在小企業裡長大，就是按照學到的方法做事：不斷推銷。當我不用面試應徵者時，我會打電話給用過臨時人員的企業，看看他們需不需要我們幫忙。

我的新上司認為，他找到了新的業務，那就是我，但我沒興趣。事實上，我拒絕踏入業務這一行，因為我相信推銷是你要針對某個人做的事，而不是為了對方去做或和對方一起做。

不過，我無路可退。新上司威脅，如果我不接下外勤銷售工作，他就要開除我。我擔心如果他把我踢走，我會找不到別的工作，也害怕因此被迫要回到哥倫布市，只好心不甘情不願成為客戶銷售專員。

幸運的是，這位主管是一位了不起的明師兼教練。他帶著我一起做我的推銷電訪，也帶著我一起做他自己的電訪。我很快就看懂，他所做的事情裡面沒有一絲的操弄或是以自身利益為出發點，所有的重點都在於想辦法幫助客戶。一旦我發現推銷的重點在於協助他人，讓對方獲得如果沒有我幫忙就無法取得的成果，我就開始愛上這場賽局了。我們兩人同心協力，把可報帳的外派人員工時從每星期 2,000 小時提高到 2 萬 2,000 小時，這裡變成全美最出色、成長最快的分公司。

我一直身兼銷售工作與樂團主唱到 1992 年，有一天，當我正要爬上樓回到位在布倫特伍德（Brentwood）的公寓時，癲癇嚴重發作。最後我搬回哥倫布市，並在那裡繼續演出多年，但是超脫（Nirvana）及珍珠果醬（Pearl Jam）等樂團帶起憤怒、憂傷風格的油漬狂潮搖滾歌手（grunge rocker）樂風，扼殺了我所鍾愛的披肩長髮派對風搖滾樂。

雖然我的搖滾生涯即將告終，但我一開始避之唯恐不及的業務生涯卻剛剛要起步。到最後，我也愛上了業務這一行，因為它讓我更有創造力，幫助客戶解決實質的商業問題。

一旦我明白自己的未來繫於業務這一行，就開始認真研究這門專業。一開始，我苦心學習，自我培養成更

高績效的業務領導者；現在，我學習是為了協助其他業務領導者改善旗下團隊的績效表現。撰寫本書時，我研究銷售領域已超過 25 年。

這些年來，我讀過幾百本談銷售的書，並且藉著向各領域的先驅者請益，研究過這一行裡的所有重要概念、策略與戰術。我也有機會在現實裡測試這些想法，用在自己身上，也用在規模更龐大的組織當中。

從我開始做這一行那一刻開始，就一直在找答案回答一個最重要的問題：**為何少數非常成功的業務表現持續超越同儕？**

這些人確實這麼出色，我們全都見識過。我們都認識一些業績超傑出的頂尖業務，賣出你想不到有人會買的高價商品，而其他人卻連在最活絡的市場也賣不掉最熱賣的產品。此時此刻，許多任職於 Google 或 Apple 等炙手可熱大公司的人達不到負責的業績，在此同時，也有無數推銷工業設備的業務業績屢創新高，而你連他們的公司或產品聽都沒聽過。

因此，我要再問一次：為何少數非常成功的業務表現持續超越同儕？

答案可能不如你所想。銷售的成就並非視情況而定，換言之，重點不在於你推銷的產品是什麼、客戶是誰或是責任轄區在哪裡，也不在於你使用哪一套銷售流程，

或者所屬公司聘了誰來擔任業務高階主管。手握好產品、擁有快速成長的客戶數以及踏入尚無人開發的區域當然是好事，有一套高績效的銷售流程以及一位可依靠的聰明領導者也很重要。但是我在各種條件下，都會看到成功與不成功的業務。

我在此要再說一次，要正確回答我的問題，你必須理解銷售結果並非看情況而定，關鍵在個人。銷售的成就繫於你的身上。是你拿起電話把另一個新想法告知潛在客戶，而不畏之前可能被拒絕了十幾次。是你面對面坐下來和客戶對談，並創造價值。是你匯聚必要的支援，以確保顧客可以獲得好處。

在銷售成功的祕方裡，沒有其他因素比你更重要。

▌心態、技巧與工具箱

那麼，你要怎麼做，才能保證讓銷售的成功方程式發揮最強的力量？

這裡只有三件事：心態、技巧以及工具箱。

心態、技巧再加工具箱這個概念，是我厚顏從好友傑哈德‧葛史汪納德（Gerhard Gschwandtner）身上偷師學來的，他魅力無窮，還是《銷售力》雜誌（*Selling Power*）出版商。而且，從銷售與成就這些主題來說，葛

史汪納德也是我所認識的人當中最有求知慾、最認真思考的人之一。我不知道他從哪裡想到這套強而有力的三部曲，但我一聽到就知道那是我需要的架構。

業務的首要條件是要抱持正確的心態：亦即要有一套正確的信念與態度。接著，他們要有適當的技巧，這指的是要有能力去做所有出色業務該做的事：例如開發客戶、贏得承諾以及為潛在客戶創造價值。最後，他們還需要正確的工具箱：銷售腳本、劇本、書面的銷售流程以及銷售方法。（工具箱要針對所屬業務領域特別量身打造，不在本書的範疇之內。）業務必備這三要件，而且順序如下：心態、技巧、工具箱。本書會單純把重點放在心態與技巧上。

你手上拿的這本書，和其他你可能會挑選的業務書籍不同。本書的基礎，並非全球性顧問公司所做的大規模高價研究，而且，雖然說提供銷售流程或方法論的書非常有用，但那也並非本書的主旨。這本書更不會細數我在銷售領域的經驗與冒險（雖然偶爾會簡短提到某些軼事）。這一本書，大部分都在討論你，以及你若要成功必須具備的心態與技巧。

這本書類似野外求生指南，是一本手冊。我的目標讀者，是非常有興趣提升自我及強化績效的業務員。本書也要為第一線的業務經理提供一套架構，讓他們可以

快速且輕易辨識出團隊成員面對的挑戰。我相信自己可以幫助這些業務經理一臂之力，提供實用的架構，讓他們為有幸服務與領導的業務另創一番不同的局面。

本書的前半部，甚至不談如何銷售，反之，一切的重心都放在若要成為成功的業務，要先成為怎麼樣的人。請注意，「要成為怎麼樣的人」比「要怎麼樣做才能成功」更重要。我不知道有沒有其他談銷售的書先把焦點鎖定在心態，我只知道一旦少了正確的心態，世界上任何推銷技巧就無法發揮應有的功效，而且前提還是技巧確實有用的話。

在本書的第二部，我們要來看看現今要做到高績效銷售必須具備哪些技能，而且，這幾章不只是探索技巧而已，同時還會談到若要贏得交易，需要哪些心態與技巧。換言之，第二部各章談的是取得銷售成就的必要元素。

當你讀過（及應用過）從本書學到的知識之後，就能踏上你專屬的旅程，培養出致勝的特質與態度，成為買方樂於下單的對象。你也能藉此更理解自己還需要哪些技巧，才能為客戶創造價值。有助於成功的特質再加上透過培養銷售技巧而提升的成效，這股結合兩者的力量將能為你創造出更多銷售機會，拿下更多案子。

▌決定銷售成就的要素

你或許還記得高中化學課時上過的化學元素週期表。最早出版的週期表，是1869年由俄羅斯化學家德米特里・門得列夫（Dmitri Mendeleev）編製，列出63個元素。我撰寫本書時，元素已經增為118個。我們不知道未來還會發現或發展出哪些新元素。

雖然我的化學知識有限，但我相信週期元素表很適合用來比喻本書的概念，因為我們所知的世界就是由週期表上的元素所組成。這張表說盡了造就我們的一切，以及我們能創造的一切。這個世界由一群可識別的元素所組成，銷售的成就也是如此。我撰寫本書的目標就是要找到這些要素、設定優先順序，並協助你自行培養出這些特質。我的雄心萬丈：協助你大幅提升銷售成績，幅度大到足以帶動事業生涯向前邁進。換言之，我要用最強大的辦法幫助你重新建構你的銷售世界。

我們的辦法，是善用「銷售元素週期表」裡的17項要素，也就是組成業務心態與技巧的要素。如果你熟悉這些要素，並且善加利用以重塑自我，就能備齊在銷售領域闖出一番成就的全部條件。

但是，要完成任務，可不是把整張表背起來就算了。重塑自我無法在一夜之間完成，你必須付出時間與精力。

你或許會看到銷售成績隨即有所改善，但是講到要熟練決定銷售成就的 17 項要素，可得全心投入，把這項任務當成一份事業才能成功。此外，一如化學元素週期表，銷售元素週期表也不是靜態的。銷售這門專業不斷演變，決定成就的要素也會隨著世道變化而不同，也可能會有新的要素加入。

你或許猜到了，銷售元素表有兩大部分：行為（心態）與技能（技巧）。本書第一部會探討前者，第二部則專攻後者。

▌第一部：心態

在第一部裡面，我們要檢視九項要素，它們能讓你有能力為他人創造價值，並讓你具備創造出色成果所不可或缺的人際關係技巧。這些心態要素，是你有能力影響潛在客戶的根基。

第一章是**自律：決定銷售成敗的重要因素**，你在本章會學到如何守住最重要的承諾：你對自己許下的承諾。要培養出這 17 項決定銷售成就的要素（換言之，也就是你所需的一切），每一項都需要自律。

第二章是**樂觀：湧現工作活力的泉源**，你在這裡會找到方法以保持樂觀、正面的態度，激發他人相信他們也

可以提升自己，並找到一個更美好的未來。樂觀也能讓你更有韌性，幫助你面對銷售領域中無可避免的挑戰與失落。

第三章是關心：贏得客戶信任的方法，這裡要談的是幾種新的方法，告訴你如何在銷售當中善用真誠的關心，轉化成策略性的優勢。你在本章中也會學到為何關心和有效銷售兩者間毫無衝突。

第四章是求勝心：成為強大的競爭者，在此你要動手點燃心中那股想要與人競爭的熱火。你要培養自己的長處，盡量減少缺點，並學會如何在零和遊戲（僅有一方能成為贏家的賽局）中競爭。

接著來到第五章機智：留住客戶的關鍵，我們要談的是堪稱樞紐的要素。在本章中，你會學到如何激發想像力與創造力，並探索如何發展出有助於解決客戶問題的想法與洞見。接下來，你要學會如何善用新習得的機智，用來因應開發業務機會與爭取案子時所面對的挑戰。

第六章是積極主動：成功敲開理想客戶的大門，你在本章會了解到為何主動積極對於有效推銷而言如此重要，為何這是開發銷售機會的核心，以及為何客戶要求你要具備這項特質。我們不可志得意滿，要以積極主動、參與互動及促進創新的能力，取代沾沾自喜。

在第七章堅持：再難纏的客戶都能征服當中，你會學

到如何打一場「耐力賽」。本章會看到如何持續追蹤潛在客戶，絕不動搖，但又不要惹人厭煩。你會變得更像鬥牛犬一般堅定而勇敢，而且客戶將會樂見這樣的你。

第八章是**溝通：有效地傳達訊息**，這一門課要談的是如何培養出傾聽與理解的能力，並且清楚闡述自己的想法。任何銷售案中的實際行動，都發生在買方與業務之間，而且一切都要透過明確的溝通。

第九章談**負責：盡力完成銷售時的承諾**，你會了解到這是為客戶落實推銷方案時必備的心態。光是把銷售產品推到客戶門前根本不夠，你推銷的解決方案本身將會面對挑戰，客戶也寄望你把這些挑戰當成自己的事。他們會要求你針對推銷出去的成果負起責任。本章提供你需要的行動計畫，在交付成果給客戶時可以應用。

第十章是**掌握九種心態，就能創造影響力**，本章集結前九大要素之大成，而且，本章最重要的用意在於，解釋為何在銷售領域的實質影響力並不僅在於戰術運用層面。重點是人格特質。你將會學到如何培養出前面這九大元素，讓你成為買方樂於託付的對象，成為幫助客戶採取行動的業務。

第二部：技巧

本書的第二部，檢視決定銷售成就的八項技能組合元素，能讓客戶在感性和理性層面對你以及你的公司另眼相看，讓你在競爭對手之間一枝獨秀。

第十一章鎖定成交：**取得客戶承諾**。要能有效銷售，你必須能夠開口要求客戶承諾並取得他的承諾。你會學到如何開口請客戶許下所有必要的承諾，從一開始答應撥時間給你，到最後決定把案子給你。當銷售內容更趨於複雜、而且案子裡需要更多人許下更多承諾，獲得承諾的必要性也就更加重要。

接下來的第十二章，談的是**開發客戶：創造全新的銷售機會**。如果你曾經待過銷售這一行，不管時間長短，就會知道開發案子是另一種形式的成交。在本章中，你會學到如何加強自己有效開發新案的能力，並增進你想這麼做的渴望。

在第十三章說故事：**引領客戶進入美好的未來**裡，你將學習熟練一門藝術，那就是和客戶一起寫下故事。你會學到如何讓客戶成為故事裡的英雄，而你則要成為嚮導與夥伴。你也會學到如何說出更美好、更有說服力的故事，描繪你們共同的未來。

在你有能力把故事說出來之前，必須先了解潛在客

戶目前的狀況以及他們想往哪個方向走。第十四章診斷：
找出客戶要解決的問題，會讓你知道如何挖掘事實、了解
客戶面對的挑戰，還有，如何提出對的問題讓你與眾不
同、同時還能激發客戶採取行動。

第十五章是談判：**追求與客戶雙贏的技巧**要闡述如何
確保客戶從磋商談判當中獲益，同時確定自己保有該有
的價值，與達成交易的空間。

之後的三章，要談的是更高階的技巧元素。我們在
這幾章裡所談到的素材，是你無法在其他地方找到的分
析，目前的銷售領域相關研究中，也找不到這麼多探討
這些元素的文獻。這些主題過去並不重要，然而今非昔
比。當客戶的需求愈形繁複、龐雜，我們也必須培養出
新技能，才能為他們創造價值。比起你到目前為止正在
養成的技能，要培養出後面三章所談的技能會困難一些。
你將需要用到截至目前為止所學的一切，才能熟練這些
技能。

第十六章談**商業思維：提供更出色、穩健的提案**，解
釋為何商業思維是你要新增的銷售思維。你將會學到如
何發想概念、形成見解與培養情境知識，強化能力，讓
你成為客戶眼中利益攸關且具說服力的價值創造者。

第十七章是**變革管理：營造共識協助他人改變**，本章
要教你如何管理全體必要利害關係人的關係，以超越現

況。這一章指導你如何提出變革並引導變革。

第十八章檢視**領導：帶領團隊迎接挑戰**。你在此將會學到領導的意義並不只是職稱，還是一種責任。由於必須為成果負起責任的人是你，因此你必須領導團隊同時也領導客戶。

在最後一章**熟練八項技巧，創造競爭優勢**當中，你會找到答案以回答潛在客戶最挑釁的問題：「我為什麼要向你買？」本章把所有元素串接起來，然後實際運用在你的銷售賽局中。你會發現，如今你比過去任何時候準備得更充分、也更有信心，有能力為客戶創造價值，贏得案子。

我知道你很急著開始，想要馬上就動手培養這些重要元素。但是，首先我要定義一個本書通篇都會用到的詞：「理想客戶」（dream client）。

理想的潛在客戶特質是你可以為他們創造出讓人驚嘆的價值，而且他們會讓你保有部分價值（這也就是你所說的「利潤」）。如果你希望在銷售領域有所成就，則必須挑對潛在客戶：你可以用獨特的方式解決對方面臨的挑戰，就此成為他們的最佳夥伴。

我真的、真的希望你能把時間精力花在理想客戶身上，因為你和他們之間的關係可以創造出高到不成比例的豐碩報酬。但是，有時候我會簡單用「潛在客戶」或「客

戶」泛稱所有客戶。你還是要拜訪潛在客戶並服務某些常客，但這並不表示你就不應該抬起頭聚焦在理想客戶身上！

推銷的重點在於協助他人，

讓對方獲得如果沒有我幫忙就無法取得的成果。

1.

心態

接下來十章會談到的九種特質，綜合起來就會構成一種強而有力的心態；在現代，你若想在銷售上有所成就，就必須具備這樣的心態。本書第一部的第十章、也就是最後一章，談的是「影響力」，代表的是最高點的石碑。影響力是你著手運用這九項元素之後得到的成果。

且讓我細說分明為何這樣的心態如此重要，以及為何這些要素要放在技巧之前。

每個人都習慣向自己認識、喜歡且信任的對象買東西。你是「誰」比你做了「什麼事」更重要。身為業務，若你具備技巧，但缺乏能夠建立終生關係的個人特質，反而更危險。

沒有紀律、態度不佳、不願積極主動、缺乏決心或無法展現機智，這樣的你在銷售領域遭遇失敗的機會肯定大於成功。我們接下來要做的，就是要確保這種事不會發生。

這十章將帶你踏上一趟終生的旅程。你之後可以持續拓展與培養這些特質，而且永遠都有進步的空間。但是，光是強化這九項造就銷售成就心態的特質，並不代表你就能獲得渴望見到的成果。

第一章

自律
決定銷售成敗的重要因素

自我管理，本質上是管理你的承諾。沒錯，你管理對他人許下的承諾，但重要的是管理你對自己許下的承諾。而且，如今要追蹤承諾並非易事。這需要一套系統，也可稱爲「外部大腦」，讓你穩住方向，在對的時間做對的事。

—— 《搞定！》（*Getting Things Done*）作者
大衛・艾倫（David Allen）

成為成功業務的祕訣是什麼？成為偉大業務的祕訣又是什麼？

無關乎你推銷的產品與服務，亦無關你的競爭對手、市況、價格結構、科技改變等。

重點是你。你管理自我、展現自律的能力，決定了你在銷售上是成是敗。

且讓我再說一次：自律是決定成敗的差異化因素。沒錯，從業務必須具備的心態、技巧與工具箱來說，另外還有很多其他元素，但若無堅定的自律，其他也就不

重要了。

多數人之所以失敗，並不是因為沒有能力成功，而是因為不願意去做獲得成功必須要做到的事。這意味著他們不願意約束自我，所以自律或者是我所謂的「自我管理」才會成為創造銷售成就的基石。不論是銷售還是其他領域，除非你願意去做能帶來成就的行動，否則，你將永遠被拒於成功門外。

自律是所有成功人士的根本特質，讓他們在不想做時也會去做，讓他們得以把時間精力聚焦在當下必須做的事情上，絕不苟且拖延。自律帶來力量，讓他們願意放棄一些愉悅，日後換取全心渴望的成果。在銷售領域，自律是讓出色人士與平庸之輩不同的原因。

重點是，你要認真看待這項首要元素。絕不可以直接跳到後面各章，誤以為學習如何成交或開發銷售機會比較重要。如果你從自律著手，再加上能精益求精，其他的元素就比較容易訓練到位。

▍你許下的承諾

銷售的重點在於獲得潛在客戶的承諾，但是最重要的承諾是你對自己許下的承諾。不論你是否意識到，其實你是持續對自己許諾。

舉例來說，你很清楚要花時間去開發銷售機會，但是一聽到叮叮咚咚的提醒聲通知有一封電子郵件進來了，你的注意力又被引開了。因此，你沒有撥打該撥的電話，而是花了一個小時檢視收件匣。就這樣，你許下一個承諾。

你負責的區域裡最大、最好的潛在客戶，早就接受他人的推銷，買下類似的產品了。你知道必須培養客戶關係，也知道這需要一套協調得宜的長期計畫，才能讓任何理想客戶答應見你，而且只是願意見你而已！但你沉溺在茶水間的蜚短流長裡，任時間流逝。這時你許下另一個承諾。

到了該拜訪潛在客戶時，你又忙著其他的事，沒時間複習筆記、針對拜訪做準備。現在你正要和這位客戶展開最重要的互動，但你沒有計畫，也沒準備任何之前答應過要提供的東西。這是另一個承諾。

當你躲掉開發客戶的電訪、無法培養客戶關係以及疏於準備時，你做的承諾是什麼？

你顯然並未對自己、對你的未來以及對你的成就許下承諾。因為你沒有許下、也沒有信守這些以及其他承諾，成就對你來說不過就是一場白日夢。

紀律才是關鍵

我在發展事業的過程中很早就發現自律的力量。我有一次難忘的經驗，就發生在我離開洛杉磯、重新進入哥倫布市家族企業上班的第一天。當天早上，業務經理過來我的座位，後面跟著她的兩個心腹，丟了一疊文件在我桌上。「這些是我們的客戶，不准你打電話給其中任何一個人。」她說。

我看著那一堆文件，內容一頁又一頁都是各家企業名稱。我很訝異，我們這家小公司居然有這麼多客戶。「這些都是我們正在服務的客戶嗎？」我提問的同時，內心讚嘆不已。

「不是！」她斷然地說，「但我們正在聯絡這些企業，你不准去找其中任何一家。」

現在我懂了：「我們」不包括我。

隔天早上八點，我關上辦公室的門，開始撥打電話簿工商服務區裡所有不在那份文件中的企業。我一直打電話，直到我去吃中飯，然後回來，又一直打到下班為止。隔天也這樣做，隔天、隔天、再隔天都這麼做。我持續不斷、紀律嚴謹地努力，得到的回報是多次和客戶的面對面會談。我打的電話愈多，能見到面的客戶就愈多。我約見的客戶愈多，拿到的案子就愈多。6 個月內，

我就成為業務組長。12 個月過後，我的業績已經比業務團隊裡所有人加起來還好。很快地，業務經理和她的心腹離職了。

我不是要說我比業務團隊裡的其他人更適合當業務，也不是說我比別人懂得如何打電話招攬客戶；絕非如此。我要表達的是，紀律嚴謹的行動讓我得以和他們拉開距離，創造好成績。我打電話時，業務經理和她的業務代表們在談論週末過得如何、前一晚的電視節目好不好看，或是想方設法假裝忙著處理現有客戶。他們什麼都做，就是不開發客戶。

我能成功，不過就是因為我願意許下承諾，持續去做有意義的行動。我強迫自己打了幾千通電話，當我這麼做時，在電話簿裡的每一頁幾乎都能挖出隱藏的寶藏。到頭來，我發現市內帶來最多獲利的客戶並不是最大或最有名的公司，而是一些小企業，他們都不在業務經理丟在我桌上、要我別碰的清單裡。業務經理走了，她不懂我做了什麼，也不知道我為何成功。但我從中學到一課，從此獲益良多：自律對於銷售成就而言至關重要。除非搭配自律的行動，不然，再多的用心良苦也毫無價值。

自律的基石

高績效的自律（或者說自我管理）取決於三項特質：

1. **意志力**：即便潛在客戶並沒有立刻回應，你也要求自己持續做下去。數不盡的事物都會引開你的注意力，使你忽略需要做的事。你要有意志力才能不去管這些細枝末節，堅守你的工作。這有時候很困難也很無聊，但一向很重要。

2. **堅毅**：遭遇逆境時展現勇氣。你常聽到「不要」，但不因此退縮。你找到力量繼續前進，堅守你選定的行動方針，不成功，便成仁。

3. **當責**：要求自己為成果負起責任，並堅守對自己的承諾，當成是對別人許下的承諾。比方說，你安排好要和理想客戶見面，絕對不會錯過，也不會在毫無準備之下就上場。事實上，除非你學會堅守對自己的承諾，不然在這之前都無法對客戶的承諾負起責任。就像《與成功有約：高績效能人士的七個習慣》（*The 7 Habits of Highly Effective People*）的作者史蒂芬·柯維（Stephen R. Covey）說的：「個人的成功，會先於公眾的成功。」

▍自律大師的更多特質

　　意志力、堅忍和當責，這三項特質是自我管理所憑藉的基礎。一旦你培養出這些特質並成為自律的大師，就會大有斬獲，得到的包括培養出誠實與勇敢的能力，行事也能秉持誠信；你也會發現，遞延眼前的愉悅，可以換來日後更豐厚的回報。理由在於：

- **誠實**：實話實說需要意志力，當事實對你有害時尤其如此。人天生就會趨吉避凶。就因為誠實有時會讓你痛苦，因此你要堅忍才能不顧個人可能遭遇的不安、風險與損失，堅持展現適當的行動。岔開尷尬的對話或避免說真話易如反掌，如果事情是你的錯、而且認錯可能損及你們之間的關係時，更是如此。這也正是自律發揮作用的時候。當選擇逃避比較輕鬆的時候，自律能讓你誠實以對。而你誠實、有能力面對不安，都將會讓客戶眼中的你更值得信賴、更有信用。

- **勇氣**：沒有恐懼，就不需要勇氣。勇氣，是當你在恐懼籠罩之下也要採取行動。你需要自律，才能勇敢面對危險，不去聽心裡不斷叫你退回安全之地的聲音。就算你正因為恐懼而顫抖，自律會給你勇敢的力量，讓你敢於挺身而出。這表示你

堅守更重要的事物、更遠大的目標,而且,你不管要付出什麼樣的代價都願意履行承諾。

■ **誠信**:言行一致實屬困難,你的思想、言語與行動必須保持一貫。但是這正是正直誠信的定義。你說的話就是保證,別人可以信任你。你要有意志力、堅忍和強烈的責任感,才能去做該做的事、而且是在需要這麼做的當下就去做。有時候這很困難,有時候甚至違背你的好惡。太常見的情況是,恐有其他比較輕鬆愉快的選項引你脫離正軌。但是,自律會讓你堅守承諾,永遠說到做到。

■ **未來更豐厚的報酬**:自律最大的益處,是你遞延目前的愉悅可以在日後換得更豐厚的報酬。你現在一無所獲(若真要說有什麼,或許就是一些痛苦吧),交換的是日後更高的回報。比方說,你可以不要沉溺在多賴床九分鐘的愉悅當中,把這份愉悅往後遞延,該起床時就起床,準時出現在會面地點並做好準備,在眾多競爭對手面前脫穎而出。或者,你可以不要為了犯下的錯對客戶扯謊,藉此逃避馬上會出現的小小痛苦,而是選擇實話實說,忍受不安,日後獲得客戶報以信任與敬重。

簡單來說，意志力、堅忍與當責，成就了自律。自律讓你得以誠實、勇敢行事並秉持誠信正直，而且願意遞延現在的愉悅以換取日後更高的報酬。正因如此，嚴格自律才如此重要，這塊基石支撐起所有讓你得以有所成就的特質。

▌堅持定期聯繫潛在客戶

人是追求新鮮感的動物，會被嶄新的、有趣的或是讓人感到興奮的事物吸引。以銷售領域來說，沒錯，某些新的工具和構想可以全盤改變你的作為，並創造出非凡成果。這些絕對值得期待。然而，你的成就多半取決於簡單、例行的客戶維護，這表示你要努力去做一些沉悶的苦工。

許多業務對於例行的客戶維護避之唯恐不及，因為這些事不會讓人熱血沸騰，也毫無新意可言，而且保證會不斷、不斷地聽到「不要」。然而，例行客戶維護確實可以創造出可預見的成果，長期下來尤其可觀。這是第一個你必須拿出自律來面對的領域。

定期開發潛在客戶

銷售領域有一條基本法則：檢視所有管道，當你愈需要機會時，就愈難找到。你必須時時警覺，每天都要開發銷售機會，才不會有一天落入急需業績的絕望境地。偶一為之的零星銷售開發做法，會帶來壓力、得不到承諾並造成焦慮，迫使你必須接受條件不如理想客戶那麼好的機會。但是，如果你有自律，每日、每週、每月憑藉意志力與堅忍不斷開發機會，基本上一定會建立起充滿機會的管道。

請許下承諾，每天都要進行例行的銷售開發工作。在銷售領域，你必須持續開展新關係，請記住，沒有開啟的機會，就不可能有後來的成交。

事先培養客戶關係

若想在銷售領域有所成就，你必須在之前就培養出必要的關係。

培養理想客戶，可能是你在追求成就時最需要做的重要工作，但是培養關係和急迫性這兩者不可混為一談。等你發現自己非常需要機會時才開始培養，就為時已晚了。任何方法都不能在倉促間培養出關係，任何方法都

不能在匆忙中培養出信任。建立信任和關係都需要時間，以及謹慎、果決又主動的關注。

培養關係就像開發銷售機會一樣，如果你希望能創造出可預測、可獲利的成果，就不能隨興為之。把培養關係當成例行性客戶維護的一部分，可以建立起信任，並在要用到之前便先鞏固你需要的關係。

▎維繫現有關係

現有客戶還是你的理想客戶時，你便已經對他們許下承諾，而且一直以來你都信守承諾。但這樣還不夠。仗恃過去的成就，正好是招致災難的捷徑。

當客戶需要主動改變時，或者當這個世界在他們眼前丟下意外的震撼彈時，你必須在他們身邊協助他們克服障礙，或者善用這些新的契機。你若不在他們身邊、又沒有事前主動努力預測出他們不斷變動的需求並加以適應，只會招致客戶不滿，你一開始會有機會和理想客戶合作，也源於同一股不滿。

維繫你和現有客戶的關係，能向對方證明，長期下來你是會在事前主動有作為的夥伴，而且你也非常在乎一定要說到做到。

開發銷售機會、與潛在客戶培養關係以及主動維繫

和現有客戶之間的關係，僅是其中幾個需要以嚴謹紀律來面對的例行性客戶維護工作。你還可以加上其他任務，例如追蹤、自動更新業務團隊成員或客戶關係經理的人事變動，以及發送感謝卡等等。謹慎從事日常的例行性客戶維護，你付出的努力到頭來也會好好回報你。

▌培養自律的五大方法

等等。你該不會以為這本書只要坐下來讀一讀就算了吧，你是這樣想的嗎？不，不，不。在每一章的結尾，你都需要深入探究，並開始應用剛學到的知識！

我們來看看下列五大方法，你可以馬上用來提升自我管理技巧並強化意志力、堅毅與當責的特質：

一、建立紀律清單

你或許偶爾會寫目標，但不太可能寫過紀律清單。

紀律清單列出的事項是一直要做下去的任務，而且若想獲得渴望的成果，一定要持續把這些事做好。這張清單和目標清單不同，目標清單寫的是你希望做到的事、在某段期間內渴望得到的成果；在某個時間點，結果只有達標和未達標兩種。但紀律沒有終點。紀律清單是把目標再細分為幾個步驟，讓你可依據行動，這些是你可

以做到的具體任務，最後讓你得以達成目標。

　　建立紀律清單不僅是為了達成目標。跑完一場馬拉松是目標，每天運動則是紀律。若沒有養成每天運動的紀律，一旦跑完特定的馬拉松比賽，很多人就會放棄曾經讓他們養成體力以完成長跑的例行公事。減重是目標，它和規律地維持健康且低熱量的飲食習慣，以持續增進減重效果是兩回事。同樣的概念也適用於銷售。

　　你的清單中要堅守的紀律，可能包括把每天第一個小時花在聯繫客戶，對象為名單上最炙手可熱的公司、所屬地區最好的潛在客戶，以及現有客戶給你的推薦名單。其他的紀律可能包括每一次和客戶互動之前先準備好推銷話術，以及每一次訪談客戶後都要發送感謝函，藉此作為追蹤。

　　建立紀律清單、把目標切割成可作為行動依據的步驟，從這裡開始培養你的自我管理技巧。之後，你要決定哪些步驟需要每天做，哪些又需要每週一次、每月做一次，並據此排出時程。建立紀律清單時重點不在冗長；你不用每天都要把每一件事做完。

　　假設你的其中一項目標是找出更多新的銷售機會，你可能會選擇幾條紀律以確保自己能達成目標。只要你還在銷售業務這一行，以這項目標來說，你要堅守的紀律可能是每天都要花一個小時開發新案，而且是每天、

每星期、每個月、每年都要這麼做。長期來看，你固定一個星期一次主動開發銷售機會，成果不可能像你每天花一個小時、而且天天去做那麼豐碩。你或者也可以試試看第二條紀律：編寫一頁潛在客戶會認為有價值的內容，每個月發送一次給每一位潛在客戶，為期 12 個月，而且要親手寫。每天打一個小時的電話，每個月發送一封個人信函，都不是目標，而是紀律。

當你完成紀律清單時，請逐條檢查，並在每一條旁邊寫上預期得到哪些成果。這些成果足以達成你的目標嗎？如果答案為否，請重列清單，一直到達成為止。

你可以上網（www.theonlysalesguide.com）下載免費的紀律清單範本。

二、先做最麻煩的事

你常得面對讓人不悅或是困難的任務，你總是很想把這些放到一旁，去做其他需要做的事，但有時你轉身去做的事根本沒有必要！很不幸地，逃避困難的事也是招致失敗的原因。

你不應該拖延最困難的工作，反而應該當成每天一大早要做的第一件事，在你的頭腦還很清醒，而且這個世界還沒開始對你提出諸多要求讓你分心之前，先動手去做。完成困難的任務會讓你湧現一股活力，並讓你能

更輕鬆應對接下來的工作。這也是累積動能的不敗方法。

　　紀律清單裡無疑會包括某些你不喜歡或覺得很困難的任務。請找出來，並排在日常活動時程中比較早的時段，愈早愈好。現在，你可能想到了某件可怕的工作，而它對你想要的成果來說又至關重要。那就打開你的行事曆，把這件事填進明天早上的排程裡。然後，確認你會先做完這件事才做其他任務。

　　我最害怕的其中一條紀律是運動。要守紀律，我就必須早起、換好衣服、開車到健身房，然後舉重。如果不把運動健身當成每天早上的第一件事，我會很容易找到藉口棄守我對自身健康的承諾。因此我每天早上五點鐘起床，五點半去運動，從未懈怠。一到健身房，我就會體認到最大的抗阻力不是現在手上舉的重量，而是一開始我內心對於前往健身房的抗拒。

　　你是否曾經安排要打通電話給客戶或潛在客戶，而且你很清楚這通電話講起來一定很辛苦？如果你還沒有經驗，我保證你總會遇到。你靜候佳機，希望在好的時間點打電話以解決重大問題，但時間愈長，問題便愈嚴重。要等到天時地利人和才打電話，會讓你這通本來就很難打的電話更麻煩。

　　先打這通電話。動手去做，把這件事當成早上的第一件事，好好做完。無論結果如何（就我的經驗而言，

幾乎都比預期中好），你一整天都會變得更有生產力。

三、把許下的承諾寫下來

　　把所有的承諾都寫下來，會大幅提升你履行自我承諾的能力。寫下你要堅守的紀律之後，它們就從閃過的念頭變得具體；這樣一來，這些紀律就不再只是概念，而有了實質內容。

　　寫下你的承諾。如果能做演練，效果更好，同時，也請列出以下各項：

- **若堅守承諾能獲得哪些正面成果**：列出你的銷售成績、銷售生涯與生活品質將會如何改善。這些會提醒你有哪些獎勵在等著你，也會激發你履行承諾。
- **若無法信守承諾會發生哪些壞事**：列出無法堅守紀律將如何影響你的成果，而這些結果又將如何衝擊你的專業發展與其他的生活面向。這份清單會提醒你，當你無法履行承諾時要冒哪些風險，也會激勵你避開這樣的痛苦。

　　比方說，如果你承諾每天的第一個小時都要花在開發銷售上，你能得到的正面成果包括建立更多關係、創

造新的機會、打造出規模更大且品質更好的銷售管道，以及最後可以贏得更多機會。在這裡，最重要的正面成果可能是你能賺到更多錢，而且有能力為自己與家人提供更美好的生活。

如果你無法嚴守紀律、不打這些電話，那會怎樣？你能認識的人就少了，能建立的實質關係也少了，創造的機會變少了，也無法帶來你需要的新業務。你要承受的最大痛苦，可能是沒有收入，或者最極端的結局是你還可能丟掉飯碗。這是真痛苦！

當你思考為何要做這些事時，會在當中找到自己的長期動力。這些書面的承諾，以及隨附的正面與負面後果，能夠給你一個更高遠的「理由」。

四、公開你許下的承諾

如果你跟大部分人一樣，通常會在乎別人怎麼看你。因此，如果你公開宣布要做點什麼事，就會更努力達成使命。一旦你無法滿足眾人的期待，要付出的代價就更高，因為你會毀了別人對你的信心與信賴。公開說出你的承諾，更可激勵你自律。

如果你計畫每天都要開發新的銷售機會（我很建議這麼做），可以發布你的銷售開發行事曆，藉此獲得同儕的支持。你可以把行事曆貼在門口，或者如果你們共

用行事曆，你可以留一個時段給自己，讓同事看到你空下來的時段。之後，你可以更進一步，和同事與主管分享紀律清單。公開你的承諾，可以讓你上緊發條嚴謹自律，並接受要有所表現的壓力。

要有勇氣才能公開承諾，但是如果你做到了，便能在履行承諾的同時贏得他人的信心與信賴，為你帶來更豐厚的收穫。

五、關掉手機、網頁

要做到自律並不容易，生活裡充滿讓人分心的事物，看起來就好像全世界共謀要和你作對。你可能會發現自己一次要做好多事，比方說打電話得同時瀏覽網路（或是電子郵件一進來馬上點開來讀，但你本來應該追蹤上個月的會議結果），到最後，你沒有真的花時間聚焦在某件事上。有些人宣稱多工作業幫助他們完成更多工作，但最新的神經科學研究指出，多工作業會分散你的注意力並降低腦力。結果是，你做事時成效低落，需要更多時間才能完成。

當你一項一項執行紀律清單的工作時，要消除所有讓人分心的事物，一次僅專注在一件事上。手機關掉，瀏覽器關掉，門把上掛出「**請勿打擾**」的牌子，把你所有的注意力和腦力專注在達成目標上。

跨出充滿力量的第一步

自我管理是個人成就方程式中的基礎。努力強化你的自律（亦即你的意志力、堅忍和當責）；若要磨練出能成為銷售大師的行為與技能，自律是基礎。現在就開始對自己許下承諾，並且努力堅守。

即刻行動！

有哪一件事你拖延已久或抗拒去做、但實際上你需要馬上就去做的事？是撥電話給理想客戶安排會面嗎？還是撥個追蹤電話給對你或公司不太滿意的客戶？不管是什麼，現在就動手。藉由在必要時採取行動，你就能培養出紀律，這是在銷售領域有所成就的必備要件。

推薦書單

- 大衛・艾倫，《搞定！：工作效率大師教你：事情再多照樣做好的搞定 5 步驟》，商業周刊出版。
- 史帝芬・柯維、羅傑・梅瑞爾、麗蓓嘉・梅瑞爾，《與時間有約：全方位資源管理》，天下文化出版。
- Leonard, George. *Mastery: The Keys to Success and Long-Term Fulfillment*. New York: Penguin Group USA, 1992.

第二章

樂觀
湧現工作活力的泉源

隨著熱情走下去是很好，更好的是帶著熱情一起走。

——《大家都吃你這一套》（*People Buy You*）作者
傑布・布朗特（Jeb Blount）

　　推銷是以行動為主的任務。你要打電話、安排時程、準備簡報以及撰寫建議書；你要和人們碰面、提出策略、進行磋商等。感覺上，銷售的重心是在行動（action）、活動（movement）與動能（momentum），而事實上也是如此。

　　但是，若少了正面心態、少了樂觀，多數的行動毫無價值。

　　行動能為你及客戶創造成果：行動可解決問題、創造利潤。然而，若少了正確的心態，你的行動將會疲軟無力、後繼乏力。樂觀，讓能你長期以協調得宜的方式展現強而有力且持續不衰的行動。樂觀，確保你可以聚焦在任務上，不去在乎高潮過後必會出現的低潮。

▍樂觀與悲觀的差別

銷售上要有成就，你必須具備或培養樂觀的態度。以悲觀的態度銷售會讓你動彈不得。悲觀會扼殺成就，因為它會先扼殺你採取積極主動的做法。如果你是悲觀的人，會認為打電話給多年來都拒絕見面的潛在客戶，實在愚蠢之至。畢竟，這位潛在客戶根本從未讓你離開起跑點，你會假設將再度遭到拒絕。如果你是悲觀的人，會確信競爭對手已經和客戶建立起長期的聯繫，培養出有益的關係，不管你會提供什麼價值，都不可能讓客戶動搖。你會這麼告訴自己：「如果客戶持續和競爭對手往來，而且怎樣都無法改變，那我幹嘛費事嘗試？」這樣的你，也只能在成功的門外徘徊。

悲觀會破壞你的自律，也不利於你為了成功必須採行的重要行動。悲觀讓你有放棄的理由，藉此奪走你的力量。悲觀心態永遠都有辦法把你做的決策（比方你為何不打電話）合理化，讓你免於負責，進而保護你的自尊。來看看下列悲觀說法。你曾經對自己、或是對別人（真是不應該）說過這種話嗎？

- 「經濟環境不好，現在沒人會買了。」（你知道這種說法一定是假的，因為此時此刻仍有無數業

務頻頻打破業績記錄。）

- 「我負責的地區條件很差，最好的潛在客戶都在別人手中了。」（但你也知道「重點不是地方，而是人」，抱持正確態度的業務在你負責的地區也有好成績。）
- 「業務經理阻礙我成功。」（你知道，業務經理並沒有在一旁拉著你的手不讓你打電話。）
- 「我的問題在於佣金結構。」（你真正的問題是還不夠努力，不足以讓佣金結構變成一個問題。）
- 「競爭對手提出的價格永遠比我好。」（當我們無法創造出足夠的價值，無法脫穎而出贏得案子時，就只能用這句話來騙自己。）

如果你曾對自己說過上述任何句子，就是容許悲觀摧毀你採取行動的能力與意志力。就算有些說法沒錯，就算你負責的地區不好、佣金結構又有問題，當你對自己這麼說時，就是讓悲觀導引你的想法與行動（或是引導你不去行動）。

從另一個角度來看，樂觀則會推動你向前邁進。樂觀是一種信念，相信船到橋頭自然直，相信不管機率多麼渺茫你還是會贏。這是一種確信，認定你確實可以在這個世界創造一番不同的局面，而且會因此獲得獎賞。

樂觀讓你相信，只要再打一次電話，一定會說服理想客戶答應見你一面；就因為相信，你也能繼續做下去。樂觀是一種信念，認定狀況會有所改變，你會得到長久以來追求的機會，贏得客戶的生意。樂觀讓你能面對並克服所有阻礙與挑戰，給你堅持下去的力量。

▎樂觀與成功的信念

　　很多人認為樂觀主義是天生的：一個人要不很樂觀，就是不樂觀。某些人或許呱呱墜地時就已經帶有樂觀或悲觀傾向，但我相信，你可以訓練自己達成必要的樂觀程度。你可以充滿熱忱，對未來寄予無限期望，相信未來一定會發生好事，就算少有或沒有證據支持，你仍深信將會得到自己想要的成果。

　　人類從古至今不斷克服眼前遭遇的各種挑戰。我們消滅多種曾讓幾百萬人喪命的疾病，我們讓遠距離的人們可以互相聯繫，甚至把人送上月球與太空，探索幾十億里的長路，尋找太陽系的邊境。歷史書籍上寫滿人類克服種種看來難以跨越的障礙，他們能做到，多半是因為相信自己可以辦到，不管勝率有多低。

　　以日常的挑戰來說，多數都沒這麼重大（但我也贏過幾次大案子，感覺上比起規劃安排登陸火星還難），

但這僅代表我們面對的障礙比較容易克服而已。然而，不管你要完成的挑戰是什麼，都必須先相信自己做得到。每一次順利克服挑戰，都是從願景開始；勾畫出這幅願景的，正是樂觀。

你必須抱持相當程度的樂觀，才能預見成功。樂觀，是到達更美好未來的跳板，也支撐起順利銷售必須抱持的四大信念：

信念一：我可以創造不同的局面

你的成就來自於相信自己能努力為客戶、公司與自己創造價值。這條信念讓你得以湧出源源不絕的力量與積極主動。當你相信自己能創造不同的局面，當你相信自己是創造價值的人，你的信心和自我價值感就會高漲。你將獲得力量，展現行動。

信念二：我會成功

你愈是相信自己會成功，就愈有動力達到目標。換句話說，你會得償所願。如果你預期會成功，就會想辦法達成。如果你預期會失敗，就會不由自主以招致失敗的方式行事。猜猜看樂觀主義者預期的結果是什麼？

「我會成功」這條信念不僅能帶出正面的成果，還可以構成基石，支撐你堅持不懈的意志力，對於任何業

務來說，不屈不撓絕對是基本特質。

信念三：會有貴人相助

在達成目標的過程中相信會有貴人相助，將是一股強大的助力。這會提醒你在這個世界上並不孤獨，也讓你有信心請求協助，並在他人出手時樂於接受。相信有貴人相助，也讓你在銷售的旅程中可以動用更多資源，更能展現機智。

就像我在第五章會談到的，機智很重要。一旦你相信樂於幫助你的人確實存在，將會去找到這些人，並開始尋求協助。

信念四：船到橋頭自然直

英國前首相邱吉爾（Winston Churchill）曾經說過：「成功，是有能力從一次失敗再經歷另一次失敗、卻不失去熱情。」經歷一連串失敗打擊後仍能恢復的能力，立基於一條信念之上：你或許無法總是心想事成，但如果你繼續朝向達成目標努力，終究會得到所追尋的成果。這是堅毅不屈的源頭。當你很樂觀，就會坦然把失敗當成自己的一部分，不去逃避，並善用失敗改進你的成果。身為樂觀主義者，你會用下列三種方式回應失敗：

1. **平靜接受**：你不會怪罪經濟環境、業務主管、負責地區或競爭對手，你會接受自己要為成果負責，而且要負責的人就只有你而已。

2. **欣然認同**：你會欣然認同「是過去的行動讓你處於現在的狀況」。一旦你對結果負起責任，就創造力量去改變結果。如果現在要怪罪的是過去的行動，那麼以後你用不同的做法，就會創造不同的成果。負起責任讓你獲得力量。

3. **從中學習**：失敗是給你的震撼教育，提供必要的資訊讓你做出改變。請仔細分析情境。顯然，過去的作為並沒有用。這讓你領悟到你該做什麼事了嗎？答案就在你眼前。

　　樂觀主義者不認為行動失敗就代表自由失敗了。失敗只是單一事件，無法定義你這個人或你的未來。失敗，是針對你的表現提出的回饋，也創造了改進的機會。

▎培養樂觀心態的五大方法

　　現在，讓我們開始來培養樂觀、正向、獲得力量的心態：

一、撰寫感恩日誌

如果你天性悲觀，讀到「感恩日誌」一詞時會悶哼抱怨。但如果你是樂觀主義者，就會想「我就知道！」

當你選擇感恩，就等於做出最能讓人感受到力量的選擇。這是因為感恩與樂觀攜手並行，基本上，人不可能心懷感恩同時又很悲觀。先從列出生命中的所有好事開始，亦即所有讓你開心的事物。

我建議你先寫下三件讓你滿懷感激的事，從這裡開始練習。

請注意，從你愛的人和愛你的人開始寫，會比較容易。而且只要你喜歡，就能隨時拿出來提醒自己。然而，你還擁有很多值得感恩的事物，只是很可能都視為理所當然，例如健康、大學時指引你一條明路的人、你犯過的錯（最後讓你上了一堂課，扭轉人生方向）、你身在機會無限的時代，或者單純到讓我們能以現代方式過日子的某些高科技事物。

當你開始練習感恩，自然更容易因為小事而滿心感激。

一旦你建立起最初的清單後，每天花一、兩分鐘做點補充。把這份清單黏在浴室鏡子上，提醒自己有什麼事值得感恩。

你可以在網路上下載免費的感恩日誌與敦促你開始動手的提醒清單，請上：www.theonlysalesguide.com。

二、記錄你所創造的價值

留下記錄、寫下你為他人創造的價值，能提醒自己你是有能力的人，能在這個世界上創造一番不同的局面。每個人都有成功的記錄，請善用來強化樂觀的態度。這很有用處，不光可以用在準備銷售電訪時，也可以用來準備績效評鑑、薪資協商與工作面談。以下幾個關鍵步驟可以追蹤你創造的價值：

- 列出所有的成就，包括你為客戶及公司創造的具體成果，請同時以質化和量化的方式表達。任何成就都很重要，絕對沒有什麼是微不足道的。
- 請納入你為銷售活動創造的價值。你所受的訓練與相關的發展給了你哪些幫助，讓你能夠為客戶效力？你的知識和經驗如何嘉惠面對艱鉅挑戰的客戶？你的洞見如何協助客戶？

過去你成功了，未來你也會成功。回想過去，你曾協助客戶解決他們認為無解的問題，又或者，你曾經約到從不接業務電話的高階主管，開啟機會最終贏得理想客戶。提醒自己你是誰以及你創造過哪些價值，可強化你的樂觀態度。

三、破除不健康的信念

要培養出更樂觀的心態，必須先破除某些舊觀念。

多數人多多少少都有一些不太健康的信念。你可能相信自己的做法無法創造不同的局面、過去的失敗代表未來的表現，或者外在的力量終將破壞你的成就。有時候，這些信念藏得很深，在潛意識層面發揮作用，你甚至不知道自己抱持著這樣的想法。

要根除不健康的信念，第一步是要把這些信念說出來。挑選一個目前在行動上還不夠努力的領域，寫下是哪些信念妨礙你採取必要的行動，並描述這條信念造成哪些後果。建立一條更樂觀，而且能為你帶來力量的新信念，以此取代與破除每一條會帶來負面結果的舊信念，並且把新信念寫下來。

有一條不太健康的信念，很適合在討論銷售成就的書釐清。很多人相信，打電話給潛在客戶開發業務已經沒用了，業務再努力也無法開創任何新機會。他們對於電訪抱持不健康的信念，是因為他們讀到的廣告與推銷話術都出自於某些特定類型的公司，這類公司銷售的是用來取代電訪的必要性，其銷售提案的核心概念即是「電訪已死」。

這條信念不健康，而且會妨礙你創造出必要的機會。你之後也會看到，比較健康的信念是「所有開發新銷售

機會的方法都有其價值。以接觸潛在客戶來說，選項多總好過選項少。」新的信念反映了事實，讓你擁有更多選項，從而創造出更高的成就。

這條新信念應該會刺激你採行新的行動。把可能的行動寫下來，然後動手去做！

知道自己需要行動卻拒絕去做，結果和不知道要去做是一樣的。善用你的知識去改變行為。

如果你發現自己難以找出並消除不健康的信念，可以問問信任的人，諸如家人、朋友、同事或心靈導師，請他們分享心得，談談你的信念以及根據這條信念採取（或並未採取）哪些行動。

四、避開憤世者、反對者、懶惰鬼與過勞的人

年輕時，父母可能會關心你和哪些人交朋友。他們希望你能找到「對的」朋友。我十幾歲時晚上在夜店玩搖滾樂，交到的都是那種讓母親大感憂心的朋友！

父母自然會擔憂你和哪些人在一起，因為同儕會強化某些心理狀態、信念以及行為。過去父母擔心的人，現在你也應該擔心，因為常和你在一起的人，能拉著你向上提升，也可以壓著你向下沉淪。

想一想你在公、私領域最常相處的人。請自問，他們會強化你的正向心態，還是負向心態。

- **強化正向心態的人**：有些人支持你相信自己有更多能力、能做到更多的信念。他們強化你的正向心態，給予你力量並支持你。這些人是強化正向心態的人，能鼓勵、刺激你去拓展自我領域，並做到更好。

- **強化負向心態的人**：這些人強化你的憂慮，而且還可能為你帶來新的恐懼。他們有一種「匱乏」的心態，相信自己擁有的還不夠，因為別人擁有的東西更多。強化負向心態的人總是說不，還憤世嫉俗，偷走你的夢想，降低標準，而且永遠看不到黑暗中的那一道曙光。他們會讓你裹足不前。

盡量多花時間和強化正向心態的人在一起，並如同避開瘟疫一般避開強化負向心態的人。你要為個人的心理特點和心態負責，而且你必須保護自己。你可能無法辨識出這些負面的影響力正在發揮作用，試圖摧毀你的心理狀態，因為這些力量通常都在潛意識的層面運作。但我可以向你保證，他們就在你左右。

負向心態是唯一一種經由接觸傳染的癌症。你和強化負向心態的人接觸愈多，感染的風險就愈高。要維持你的正面態度，請找出並避開憤世者、反對者、懶惰鬼和過勞的人。這些人很容易辨識：

- 憤世者什麼都不信，不相信自家公司很特別，也不相信公司能創造價值。

- 反對者相信公司裡每個人以及客戶都做錯了，但自己也不會努力把事情做到更好，還反過頭來對每一個努力求好的人丟手榴彈，扼殺他們的做事動機。

- 懶惰鬼相信自己做的工作太多、領的薪水太少。他們很低調，盡可能少做事，並試著在神不知鬼不覺之下偷懶。他們會浪費你的時間和資源。

- 過勞的人疲憊不堪。無論他們過去擁有什麼樣的熱誠，那股熱情早已熄滅。他們只是在耗時間，也不希望你太努力，因為那會讓他們相形見絀。

　　如果你和狗一起睡，醒來時就會沾上跳蚤；接近負面的人，則很容易讓你的心態也變得負面，毀掉正向的那一面。請盡量對他們敬而遠之。

五、禁絕負面訊息

　　我們都知道「垃圾進，垃圾出」（garbage in, garbage out）。儘管知道，仍免不了遭受恐懼、負面思考與匱乏的砲轟。新聞不停播報負面消息，網路上看到的許多資訊都是譁眾取寵、說長道短。生活中處處都有機

會讓你沉浸在負面事物中，要抗拒誘惑別陷進去，非常困難。

你可以採取行動，「禁絕負面訊息」，強化正向態度並變得更樂觀。在接下來 30 天，請不要收看、收聽或閱讀新聞報導，避開負面與大肆喧染的媒體，忽視所有行為不檢的虛擬實境節目明星以及相關的八卦；這裡面全無一點正面之處。若有可能，請盡量避開所有負面的人。拒絕說出負面的話，也不要參與負面傾向的對話。只用正面的想法思考。若有負面思維鑽進你心裡，請馬上以正念取而代之。

禁絕負面訊息時，有一部分是你需要規畫如何和生活中（具負面傾向）的人相處，而且其中有很多都是愛你、關心你的人。當關心你的同事跑來找你，第 100 次抱怨新的薪資計畫，你必須針對這樣的時刻準備好該有的反應。比方說，你或許可以說：「我很樂意和你討論，但我們別只是抱怨。焦點應該放在要採取哪些行動，以補救現在這個情況。」盡量避開這些負面的人事，你會很意外你的態度出現大幅改變，而且因此變得更加樂觀。

▎從想法到行動

銷售的重點在行動，而行動源於想法。樂觀的想法

導引出樂觀的行動，悲觀的想法則導引出打敗自己的行動，甚至是完全不行動。你不需要被腦子裡的想法綁架。選擇正面思考，以此來看待你的自我、事業以及成功的能力條件。結合希望、信念與自信的樂觀，會給你力量。你的樂觀心態最後一定會讓你勝出。

即刻行動！

這項功課做來並不輕鬆，但非常必要。你即將知道內心存在哪些批評；這些負面的聲音不斷以負面用詞對你說話（而你也經常重複這些負面字眼）。你內心的批評有時候會這麼說：「這爛透了」或是「我恨死這種事了」。負面聲音也會提醒你「你在這方面不行」或「你做不來那種事，只會害自己丟臉。」

當你聽到這些想法，請寫下來，並寫下內在的教練告訴你的處理方式。你的內在教練可能會說：「你一定可以的，加油」或者「壞事都只是你自己想的而已」。不要對自己說這種事爛透了或是你恨透了這種事，試著說「這不會像其他人認為的那麼糟糕」或是「這種事正好可以區別誰是專業人士、誰是江湖術士」。開始選擇能帶來力量的想法與用詞，你會發現，這樣做能建立起帶來力量的信念。

推薦書單

- 尚恩・艾科爾，《哈佛最受歡迎的快樂工作學：風行全美五百大企業、幫助兩百萬人找到職場幸福優勢，教你「愈快樂，愈成功」的黃金法則！》，野人出版社。
- 弗蘭克・維克多，《活出意義來》，光啟出版社。
- 麥特・瑞德里，《世界，沒你想的那麼糟：達爾文也喊 Yes 的樂觀演化》，聯經出版。

第三章

關心
贏得客戶信任的方法

其他條件都相同的前提下，人們會和他們認識、喜歡以及信任的人做生意，並推薦生意給他們。

—— 《給予的力量》（*The Go-Giver*）作者

鮑伯·伯格（Bob Burg）

　　銷售愈來愈難做，過去幾十年來尤其如此。你現有的客戶和理想客戶承受更大的壓力，要用更少資源創造出更好的成果，對財務績效的要求更凌駕在一切之上。因此，現有客戶和理想客戶對你的期待也更高。他們需要你具備商業思維，幫助他們做出正面的改變並創造更優異的成績。因應棘手推銷情境的必備技能，未來將會更加重要。

　　但是有些事沒有改變。某些放諸四海皆準的事實仍屹立不搖，完全不管經濟、科技與社會如何物換星移。其中之一，是客戶仍會向他們認識、喜歡與信任的人買東西，而且他們多半喜歡和信任與關心他們的人交往；

但必須是真正關心他們。

假設有兩位業務都找上同一家公司。第一位提的解決方案比較好，但是業務和潛在客戶不太熟，因為他不常來訪，只是發送很多電子郵件和其他資料過來。幾次屈指可數的面訪中，有一次這位業務提了幾次他能賺多少佣金，雖然這些話很簡短（事實上只是稍稍帶過），但他確實說出口了。潛在客戶和業務不熟，就因為這些話，遲疑該不該信任對方。

同時，第二位業務的解決方案沒這麼好，但他花了很多時間待在潛在客戶的公司裡，提問題，偶爾還會提點意見。潛在客戶認識業務，客戶本人和團隊也信任他。他一向樂於談論雙方未來要面臨的挑戰，以及如何合力創造出更好的結果。他也很討人喜歡；客戶喜歡他，樂見他也成為團隊中的一分子。

潛在客戶最後會決定和第二位業務合作，應該不讓人意外。

若其他條件相同，雙方的關係就決定勝負。即便其他條件並不相同，關係良好的業務同樣也會勝出。正因如此，你的銷售工作才會繫於建立關係上面，而且，回過頭來，你要建立關係的基礎在於關心客戶、對客戶抱持同理心並幫助客戶。你要真心幫助他們。

競爭對手提出完美的理由、應該可以敲定交易時，

有沒有潛在客戶會請你針對解決方案多做一次簡報？你的理想客戶是否曾經把競爭對手的價格和解決方案透露給你，讓你可以回頭修改自己的報價和解決方案？會發生這種事（這種事常有），都是因為他們認識你、喜歡你且信任你。你的客戶覺得你關心他們。

▌關心是建立關係的關鍵

成功銷售生涯的核心，是相信你關心他們的客戶；他們認為你不會優先考量自己得到什麼，反而會先考量他們的利益。他們知道你不僅會為他們創造正面的成果，也會一直和他們站在一起，直到這些成果確實實現。

我的朋友查理・葛林（Charlie Green）是《受人信賴的顧問》（*The Trusted Advisor*）的作者，也是談論銷售中的信任價值最具權威的人，他提出一條方程式，解釋良好關係的價值：

信任＝（可信度 × 可靠度 × 親密度）／以自我為中心

等式右方後半部的分母是「以自我為中心」，指的是你愈把焦點放在自己身上、計算著能賺多少錢，你在潛在客戶眼中的可信度、可靠度和親密度就愈低；換言

之，你愈不受信任。你解釋產品、服務或解決方案時多值得信賴，這不重要。就算有知名市調機構鮑爾市場研究公司（J. D. Power and Associates）替你背書，說你任職的企業是業界最值得信賴的公司，也不重要。如果你最在乎的是自己，客戶就沒這麼喜歡你、信任你，你和客戶及潛在客戶間的關係也就愈薄弱。

關心與以自我為中心完全相反，前者是真心的渴望，想要了解對方，為他們創造正面成果，而且想要投注精力、以利創造出這些結果。這是一種深刻的渴望：你盼望客戶能獲得你推銷給他們的所有價值與利益。當你真心關心別人，就會努力去了解他們，幫助他們獲益，並且投入你的心力、促使他們能成功。當你真心關懷他們，會不惜移走高山為他們開路。

但是，你不能只是在口頭上對別人說你關心，你必須有所行動。你要不斷採取有利於客戶的行動，以茲證明：你要整合必要的資源，為客戶創造價值；你要先提出值得購買的解決方案，才能要求客戶購買，而且你要提供寶貴的想法。最重要的是，你必須透過銷售後的所作所為來證明你的關心，在這個時候，你要整合協調並保證會實現你推銷給客戶的價值；倘若事情出了錯，也一定要接客戶的電話，並馬上採取行動以化解任何問題。

你沒辦法假意關心，至少無法長久都這麼做。你或

許曾經被業務騙過，誤信他們心裡念茲在茲的是你的最佳利益，但通常很快你就會明白對方真正的意圖。一旦你有所領會，可能就會跟我一樣，選擇和別人做生意。

▎關心的三大要素

關心是想要理解他人並為對方創造正面成果的渴望。要做到關心，你必須具備以下的特質：

- **有同理心**：指的是你能易地而處，對他人的感覺感同身受。有同理心的業務會花時間探索客戶的想法與情感，深入了解他們所處的情境與心智狀態。這樣可以奠下基礎，發展出以關心為出發點的客戶關係。
- **密切往來**：除非你銷售的是市場上最廉價的商品，否則你都需要提供附加價值。提供附加價值的唯一方法，是深入了解客戶的需求後，提出正好能滿足這些需求的解決方案。這需要密切往來，也就是個人層面的密切聯繫，出自於一方對於另一方的了解，以及彼此間的相處經驗。
- **人要在場**：要做到關心，你必須人要在場。當你進行面訪時，你會出現在客戶的營業場所，這證

明你很關心。當你花時間和客戶訪談，以確保銷售給他們的商品有用，或是藉此更了解他們的業務，這也證明你很關心。就算你是透過電話或視訊會議做這些事，還是需要證明你有在場。當你講電話或是進行視訊會議時，要想辦法在對話中和客戶互動，藉此證明你人在而且心在。

人在場，可強力證明你關心對方；人不在，同樣也是強力的證明，只是意義剛好相反。人不在，不會讓彼此的心更靠近，只會讓對方的心思飄盪。人不在，是發送出一個明確的訊息，指出這位客戶不夠重要，不值得你花時間。因為忽視而失去客戶的可能性遠高於其他原因。

我有一位難纏、苛刻的客戶，在服務對方的過程中，這三項關心要素都發揮了功效，而且具有神奇的力量，可以調和每一句說出口的粗言惡語。沒人想和這位女士合作，但那時我剛剛被調去新的負責的地區，需要她這筆生意。無論她多令人不快，我都不斷地回去找她。事情出錯時她咒罵我，而且「只」對我又吼又叫。即便如此，我仍持續出現，我一直都在。

有一天，我在她的辦公室坐下來，她的表情瞬間從憤怒轉為傷心，她說：「我不知道我還能承受多少。我

每天在這裡工作 14 個小時，晚上還要趕到醫院去陪我先生。他得了癌症，已經動過兩次手術了。」

我沒有類似的經驗，但是她需要有人聽她說，而我很願意假裝自己感同身受，試著去理解她的感受。我不知道之前有沒有誰真的靜下心聽她說話。藉由展現同理心，我得以和她建立起某種程度的親密。

在那之後，我們的關係變了。她仍舊難纏、刻薄，咒罵每個和她共事的人。她或許還是嚇退我的每一位競爭對手，但是她對我的態度好多了。

同理心、密切往來和人要在場，當你培養並展現這三項特質時，客戶將會知道你關心他們。

▌聚焦在關心，自然會帶來業績

十年前，時任雅虎（Yahoo）解決方案長兼領導教練的提姆·桑德斯（Tim Sanders）寫了一本書，名為《愛，殺手級應用——顛覆商場守則》（*Love Is the Killer App*），他主張我們要成為「可愛貓」（lovecat）。意思是要分享知識、網絡與體諒，好讓自己無可取代。這是一個很偉大的想法：把業務銷售當成關心他人之舉。我知道這類「軟趴趴」的說法會讓披荊斬棘的戰士渾身不自在，但不管你是不是硬漢，關心是所有業務必須培養

出來的特質。

你的意圖很重要，而且你的客戶、潛在客戶以及所有和你互動的人們都會感受到你的盤算。當你以關心作為出發點，就能建立信任並培養出強韌的關係。但是如果你的行動目的在於滿足自己，那就會破壞信任並摧毀關係。

關心不只能幫助客戶，還能為身為業務的你帶來力量。當你關心的是要為潛在客戶創造更好的成果時，你知道推銷這些成果是在做正確的事。你不會自我懷疑，不用事後批判自己，而且你會毫不遲疑拿起電話，因為你知道自己是在幫助別人。當你非常關心客戶、想要保證他們能得到想要的成果時，即使失去這筆生意也不會怪罪自己。

一旦你知道自己在做正確的事，業務銷售的結果如何，就沒那麼重要了。聽起來很矛盾，但事實如此：你在銷售上的成效，和你聚焦在自己身上的比例剛好成反比。你愈是以自我為中心，把重點放在能賺到的佣金、能拉抬的銷售成果以及得以創造的業績數字，就愈不可能達成目標。反之，你愈是把焦點放在外面、愈是以客戶為重，就愈快能賺到更多佣金、提高銷售成果並達成業績數字。

千萬不要搞錯了：客戶會感受到你的意圖。他們能

分辨得出來你是不是以自我為中心，只追求個人的利得。他們也分辨得出來你是不是真正以客戶為重，努力幫助他們創造他們需要的成果。我相信，你一定曾經和某個根本沒聽你在說什麼的業務坐下來談，你馬上就知道他只是想賣東西給你而已。或者反之，你曾經遇過非常關心你需求的業務，馬上就知道會和他合作。不管是兩者之間的哪一種，你都可以感受到業務葫蘆裡賣什麼藥。

如果談意圖對你來說是太過軟性的話題，請自問，你希望哪一種業務去拜訪你年邁的父母或祖父母？是真正關心客戶的那一個，還是，只在乎自己的那一個？你又想成為哪一種業務？

事實很簡單，你愈是關心客戶得到的成果，自己的成果就愈好。而且，關心具有感染力，當你關心客戶時，客戶也會關心你。如果你在執行解決方案或交付成果時遭遇困難，客戶不會背棄你，反而還會幫助你解決問題。

正因如此，我才將關心稱為「殺手級銷售應用程式」。你的公司比競爭對手小，競爭對手的解決方案有你欠缺的花俏華麗，都不重要。關心永遠能拉近競爭條件。

基本原則如下：你的理想客戶會選擇的業務，是他們相信最關心他們而且願意幫助他們有所成就的人。基於這個理由，你必須比競爭對手更加關心你的潛在客戶與顧客。

▍將關心化為競爭優勢的五種方法

好吧，我知道你的個性剛強，但現在你該稍微放輕鬆，打開心胸變得更柔軟，啟動升級版的自我：這樣的你之所以來到這個世界，就是為了替他人創造出不同的局面。下列幾種方法可以強化你關心他人的能力：

一、虛心學習人際互動的微妙之處

要能對客戶有同理心，你必須理解他們的感受。要能洞察他們的感受，請仔細注意他們的口語線索以及肢體語言。你的理想客戶坐下來時是否面帶慍色，和你講話時還交抱雙臂？或者，他的面部表情柔和，透露出用開放的心情看待你的想法？傾聽客戶的遣詞用字，尤其是帶有情緒成分的用語。比方說，他有沒有說他「被惹毛了」或是「被激怒了」？他使用的是充滿情緒的字眼，例如「憤怒」，還是比較中性的「失望」？這些用詞指向的客戶感受是什麼？

你需要多多練習，才有能力解構這些線索，但是這值得你花時間去理解。如果你希望了解更多關於如何判讀人們肢體語言的訊息，可以找喬‧納瓦羅（Joe Navarro）的《FBI 教你讀心術：看穿肢體動作的真實訊息》（*What Every Body Is Saying: An Ex-FBI Agent's Guide to Speed-Reading*）一讀。

當你知道客戶有什麼感受時，就更能適切回應，在建立關係與進行溝通時，展現你關心他們。

二、易地而處

不要只是理性思考你的客戶有什麼感受，請易地而處去感受一下對方的感覺。你會生氣嗎？新機會能讓你熱血沸騰嗎？你需要什麼？你會做什麼？

能做到真正的體諒，才能感同身受，而且，要培養出這樣的能力可能需時好幾年，並不像講起來這麼容易。同理需要練習，但最後的成果絕對值得你付出。

同理能建立起聯繫，奠定信任的基石；同理讓你和客戶站在同一邊。

三、傾聽並接納客戶的看法

要做到關心，你不只需要傾聽對方，還要接受一件事：不管對方如何看待某個事件、事實或想法，他們的解讀對於自己來說確實成立。你要傾聽但不批判客戶所說的事實或意義，同時接受對方的解讀有憑有據，而且有價值。

在銷售領域，我們花很多時間試圖改變人們的心思。我們試著推動他們從靜態轉為動態，從和競爭對手做生意變成跟我們買東西。於是業務很常爭先恐後，試著改

變客戶的心思，卻沒有先理解與尊重對方的觀點和意見。

當你真正關心客戶時，會從對方的觀點出發，建立雙方的關係。為了便於詳細說明，請假設你是一個買家。你會希望某個人跑來試著改變你的心意，但不先花點時間了解你相信什麼、以及為何抱持這些信念嗎？你會樂見對方駁斥你認定什麼才是真的、重要的嗎？還是，你希望和某個先「弄懂你」之後才提出解決方案的人合作？

四、把關心化作行動

關心不只是一種訓練智力的演練，也是一種行動。要把關心化作行動，方法數不盡。你可以定期出現在客戶的公司；你可以不斷追蹤；你可以提出新的構想，以創造更出色的成果；你可以把客戶推薦給其他會使用他們的服務的人；你可以結合你的團隊和他們的團隊，一起找出方法讓彼此的合作達成更高的績效。以上列出的做法只是其中幾項，甚至可以說是少之又少的範例而已。

你要針對這方面列出的清單，寫出你要和現有客戶以及理想客戶一起做的事情，而且是現在就要做的事。為了幫助你開始動手做，你可以考慮下列幾項步驟：打電話給好幾個月沒聯絡的客戶，你知道他們現在不需要和你做生意，打這通電話的用意只是表達個人的問候。送出一張感謝卡，不為別的，只因為你很感恩。打通電話給某位客

戶，轉交另一位客戶家族成員的履歷表；應徵者目前正在找工作，若能加入這個團隊會是很棒的生力軍。

五、記住小事

接到訂單之後，你會送出感謝函嗎？你會感謝從設定目標客戶到成交這一路上幫助過你的所有人嗎？還是，你就繼續前進，把曾經向你下過訂單的客戶拋諸腦後？

當你依據訂單交貨時，會打個電話追蹤嗎？你有沒有確定客戶真的得到他們想要的成果？如果客戶使用你推銷給他的商品時很不上手，你會發現這件事並且想辦法補救嗎？還是，你就只是期待有別人會幫你解決這些隨之而來的問題？

表達感謝並進行追蹤，看起來或許不是什麼大事，但一旦這麼做剛好證明你關心對方，小事情也會有大功效。

你可以在網路上下載工作表，幫助你把關心化作行動，請上：www.theonlysales guide.com。

▌關心不需要成本

推銷和關心客戶之間並不衝突，事實上正好相反。身為業務的你愈是關心客戶，就能達到愈高的成效。

關心的力量無與倫比，不管是企業內部或外部，這

句話都完全適用。關心是信任的基礎，能創造出正面的
成果。真正關心客戶的人（以及培養客戶關係的人）能
脫穎而出，受到客戶歡迎，是他們眼中值得信任且寶貴
的夥伴。

即刻行動！

現在你已經有現有客戶和潛在客戶了。如果你和多數人一
樣，那麼，這就表示你在主動積極維繫關係這方面做的努力
還不夠。列出一張表，寫出三家現有客戶或潛在客戶，打個
電話給他們，主要就只是為了問候對方與他們的工作近況。
不要向他們推銷，不要對他們提出任何要求。你打這通電話
只是因為你關心他們。

推薦書單

- Green, Charles H. *Trust-Based Selling: Using Customer Focus and Collaboration to Build Long-Term Relationships.* New York: McGraw-Hill Education, 2005.

- Peters, Tom. *The Little Big Things: 163 Ways to Pursue Excellence.* New York: Harper- Studio, 2010.

- 提姆‧桑德斯，《愛，殺手級應用─顛覆商場守則》，天下雜誌出版。

第四章

求勝心
成為強大的競爭者

把焦點放在成為目標客戶與現有客戶的寶貴資源。這是你唯一
可持久的競爭優勢。

——《敏捷銷售法》（*Agile Selling*）作者
吉兒・康拉特（Jill Konrath）

　　業務很好勝，多半都是；我們希望讓理想客戶簽下
合約，也希望比其他業務搶先一步，不只這次如此，每
一次都要如此。當你知道理想客戶已經見過和你競爭最
激烈、也最難纏的對手之後，你會不會投入兩倍的功夫？
當你做完簡報走出來，發現另一家競爭者正在大廳等著，
你後頸的汗毛會不會因為血脈賁張而豎了起來？

　　競爭心態是銷售上有所成就的基本要素，這種想贏
的動力可以很正面，帶動專業的銷售從業人員為顧客提
供更多、更好的服務，從而創造更高、更大的價值。

▍競爭光譜：找到最強而有力的那一個點

遺憾的是，我們都看過競爭最白熱化時會怎麼樣。我們眼見自行車手蘭斯・阿姆斯壯（Lance Armstrong）在眾目睽睽之下丟盡了臉，因為他最後終於承認在競賽中作弊。或者，看看印第安納大學（Indiana University）棒球校隊的教練巴比・奈特（Bobby Knight）。他之所以丟掉飯碗，是因為他太過看重競爭，最後演變成濫權暴行。

太過激烈、方向錯誤的競爭，可能對銷售生涯造成傷害。這可能在實務上導引出不道德與違法的操作，例如提供賄賂和回扣，以及操控價格。如果我們把客戶當成競爭的目標，將會毒害自己的能力，不利於創造同心協力的銷售關係。這是過度的競爭，或者說是失序的競爭。

在競爭光譜的另一端，我稱之為「弱點式競爭」（weak competition），這是指你試著貶低其他業務，或是他們提供的產品，或者是你用不當的方式闡述說明自己的商品，藉此以贏得客戶。抱持弱點式競爭精神的人，不會努力提升自己，反之，他們「求勝」的方法是試圖把其他人壓下去，或是誘拐哄騙潛在客戶。這和過度競爭一樣糟糕。

利用醜化競爭對手來贏得案子，可能一、兩次有用，但終究並非有效的長久之計。這是因為你的焦點永遠都

放在其他業務身上，而不去反省自己。當你精通弱點式競爭的策略之後，實際上會變得更脆弱，因為阻擋競爭對手與愚弄客戶會讓你分心，不去注重哪些真材實料才能讓你成為可敬的對手。

可敬的對手就是我所說的「強大的競爭者」，這種人會努力讓自己成為最優秀的業務，藉此以贏得勝利。他主要是和自己競爭，把焦點放在自我增進，不管其他業務做了什麼，都是次要的事。

不要試著把你的競爭對手大卸八塊，也不要去蒙蔽客戶的雙眼，反之，你要把重點放在增進自我，並且提升你能為客戶創造的價值。之後，你才能走到競爭光譜的中心，那裡才蘊藏有力量。身為強大的競爭者，你要靠著為客戶創造高價值來求勝。強大的競爭者已經培養出成熟的幽默感、運動家精神以及公平競技的心理。他願意努力奮鬥，去做任何必要的事，只為求勝，他知道所謂必要的事就是提升自己並提供真正的價值。每一位業務的目標，都應該是來到競爭光譜裡的這個甜蜜點。

▎銷售是零和賽局

近年來，業務不斷被告知應該更同心協力、更互相配合。我們聽到別人說，銷售不是一種零和賽局（zero-sum game）；所謂零和賽局，指的是一定會有一邊輸、一邊贏的賽局。他們告訴我們，案子很多，夠我們分了。

但是銷售大概永遠都是零和賽局：只有一位業務能贏得某位客戶的生意，其他人都得鎩羽而歸。你要拿到某位潛在客戶的生意，那麼，其他對手都必須輸給你才行。你需要比昨天的自己更好，而且會比今天的競爭對手更優秀。

銷售是一種有固定場域的賽局。多數市場的範疇都是有限的場域。當市場成熟、客戶規模固定下來，或者，當市場停滯或萎縮，此時要贏就得從競爭對手的手上搶客戶。你或許不喜歡這麼做，但請記住，競爭對手永遠都在嘗試用同樣的手法回敬你。你們都在同一場賽局裡。當你打電話給對手目前的客戶時，他們也在想辦法挖你的牆角，看看能不能引誘你的客戶投靠敵營。這是銷售的本質。

要在這樣的條件下求勝，你必須要有求勝心。你必須處在絕對最佳狀態，並且盡可能為潛在客戶提供最多的價值。你的競爭對手是聰明、進取、出色的業務，每一個都擁有創造價值的能力。你要尊重這些人的力量，不然的話，你可能會被瞞騙，得到虛假的安全感，誤以為就算你為客戶做的少之又少，他們還是會忠心耿耿跟著你。

你的好勝本性值得重視

你已經知道公司很看重你的求勝心，畢竟，這一點可是銷售業務工作的錄取標準。公司也在努力抓住新客戶、擴大營業額、提高獲利並壯大市場占有率。公司需要有競爭精神的人來達到這些目標，也就是像你這樣的人。

但你不知道客戶也非常重視你的求勝心。有很多客戶本身也在一場零和賽局當中，他們希望和全力求勝的業務合作，這樣的人可以幫助他們以更高績效的方式從事競爭。你的客戶要找的不單純是供應商，他們要的是夥伴，可以衝進戰場裡並以對他們有利的方式扭轉局勢。他們要的是贏家。

社會也珍惜你的求勝心。當你為了贏得生意而競爭時，代表你努力為客戶創造價值，並幫助他們創造出更好的成果，而創造價值的競賽帶來了新的構想、新的解決方案和正面的成果。健全的競爭帶動了創新、進步與成長的向上動能。

競爭的要素

拳擊手要扎扎實實打上 12 回合，他們會竭盡全力奮

戰，把全副心力都放在打拳上。熊熊燃燒的求勝渴望，為他們的鬥志加柴添薪。他們會盡量用力擊潰對方，等到拳賽結束後互相擁抱。他們珍惜對手的心意和精神，他們尊敬對手為了競賽所做的充分準備，因為他們知道拳賽很危險，而且考驗著每位選手的意志與能力。這也是「強大的競爭者」的核心。你要擁抱這一點，並培養你的競爭精神。

要以高績效的方式競爭，你必須結合下列種種特質：

- **渴望**：如果你不是真心想贏，你就贏不了。渴望求勝讓你在賽場上脫穎而出。用樂觀配上渴望，將能營造出強烈的信念，讓你相信自己能贏。「強大的競爭者」極度渴望能贏，好「品嘗」勝利的滋味。

- **心念**：長期的成功是長期努力工作得來的成果。當你遭遇看來無可跨越的障礙時，需要心念（也就是堅持）才能持續下去。就算你已經輸了一場又一場戰役，若你具備必要的心念，還是可以贏得整場戰事。如果一開始是因為渴望讓你進入戰場，那麼，當情況變得棘手時，讓你能夠堅持留在賽局裡的，便是心念。

- **行動**：光是想著要贏不夠。求勝需要採取行動。

一個有求勝心的人會採取行動立於不敗之地。

▍點燃求勝精神的三種方法

接下來要說明如何結合渴望、心念與行動，以創造出強烈的求勝精神：

一、打造你自己的賽局

當業務加入由競爭對手制定規則的賽局，試著在競爭對手最強悍之處與其一較高下時，便暴露出自己的弱點。沒錯，對你來說，重要的是要去找出競爭對手打算如何求勝，以及他們的優勢在哪裡。但同樣重要的是，你要知道自己的優勢在哪裡，以及要怎麼做才最可能獲勝。

舉例來說，如果競爭對手的銷售模式是提供最低的價值，那麼，砍價就不是你的求勝策略。要贏，你必須移轉潛在客戶的決策準則，導向讓你有優勢的這一方。比方說，你的產品比較出色，而且能創造更卓越的成果，而這兩項都能讓你提出比較高的價格才能辦到。這是你的賽局，就算這場仗比較難打，你的勝率還是會提高。

有時候，競爭對手的優勢在於規模。比方說，大型的國際性公司可以橫跨大範圍的地理區域，以滿足客戶

的需求。如果你是「精品型」的小公司，就不能在規模上競爭，所以不要輕易嘗試。然而，如果你的公司在地理位置上剛好鄰近潛在客戶，那麼你在本地的布局就可以帶來競爭優勢，你要強調你可以更常出現在客戶所在之地。小巧靈活或許可以成為優勢，因為你的公司可以量身打造產品、服務、進度追蹤記錄以及其他的互動方式，讓客戶更能掌控狀況。你的公司採取扁平式的管理架構，沒有多層次的官僚制度拖慢核准流程，客戶可以快速找到管理階層，出現迫切性需求時，決策過程也會更快速。如果大規模不是你擅長的賽局，那麼，你就要成為胸中燃燒熊熊熱火的機智求勝者，有能力與高三級的對手相拼搏。

打造自己的賽局以求得勝利，不要進入競爭對手的賽局中。方法如下：

- **找出公司的整體銷售策略**：你們是靠著最低價格、最佳產品還是最好的整體解決方案來競爭？如果你需要一些協助才能了解這些銷售策略的意思，我推薦你去讀麥可・崔西（Michael Treacy）與佛瑞德・威爾瑟瑪（Fred Wiersema）合著的《市場領導學》（*The Discipline of Market Leaders: Choose Your Customers, Narrow Your Focus, Dominate Your Market*）。

- **了解競爭對手**：他們的銷售模式是什麼？他們的賽局是什麼？他們的規模較大，這一點會主導他們規劃的賽局嗎？或者，他們的訴求會是產品或服務的範疇廣？是他們的價格？還是他們就在附近、隨時找得到人？或者另有其他條件？

- **固守你的優勢，不要在對手條件的優勢之處競爭**：如果競爭對手推銷的訴求是價格，你要如何改變客戶的決策標準，讓他們轉而認同你提供的卓越產品能創造更出色的成果？如果你的競爭對手產品較強，你要如何改變客戶的決策標準，讓他們回頭來看你提供更好的整體解決方案能帶來更好的成果？

在策略上你就要打自己的賽局，把競爭移轉到具有優勢、而且競爭對手相對弱勢的地方。

在這方面如需協助，可上網下載免費的工作表，請上：www.theonlysalesguide.com。

二、研究你的成敗

當你成為強大的競爭者，你必須為自己的失敗擔負起完全的責任。你不可抱怨競爭不公平、或感嘆客戶不了解其他公司其實另藏玄機，你必須為結果負起責任。

當你這麼做，就給了自己力量，因為你相信自己可以改進，下一次將獲得勝利。

美式足球賽季時，每一隊每星期都要打一場比賽。比賽過後，無論輸贏，球員馬上就要研究比賽的影片，以便從中學到教訓。雖然你沒有比賽的影片做為指導，但是你有記憶，也有所有銷售互動的記錄。當你敗給競爭對手、輸掉案子時，請自問下列問題：

- 若要提升勝率，我可以在原本業務銷售流程的早期做哪些事？
- 如果可以重頭再來一次，我該如何改變銷售流程？接觸客戶的方式？解決方案？或是推銷話術？
- 我的競爭對手有哪些不同的行動，因而擁有獲勝的優勢？我可以從他的做法當中學到什麼？

全盤接受自己的失敗很痛苦，但同樣地也具有無比的力量，因為這會幫助你改進。因此，強大的競爭者永遠會自問上述這些問題。

你也應該研究自己的勝利，問自己另一組不同的問題：

- 什麼策略讓我贏得潛在客戶的業務？我要如何把

這套策略應用到未來的交易上？

- 我的業務銷售流程要如何進行，才能取得贏家地位？我應不應該把這套做法當成流程中的常態？或只應該用在某些特定的情況下？
- 什麼原因使得潛在客戶更容易點頭？是哪些競爭上的差異導引出這項決定？
- 與我輸掉的幾次交易相較，這次有什麼不同？我要如何複製所學到的成功經驗？

　　如果你知道自己是怎麼輸掉的，就可以努力避免重蹈覆轍。如果你知道自己是怎麼贏的，就可以建立一套日後談交易時可以遵循的公式。

三、用盡所有武器

　　要成為燃起渴望求勝的強大競爭者，代表你必須獻出所有的一切，而且每一次都要這麼做。你絕對不會在結束一次競爭時說：「如果我做了某件事就會贏。」

　　以下這三種有時候被人忽略的武器，能夠幫助你贏得勝利：

- 從大範圍思考可用的武器：有時候，要能獲勝，你和公司需要承諾能創造某些成果。要展現你的

堅定決心，你可以在銷售訪談時請一位管理階層的成員陪同，但不能隨便找人湊數。請邀最適當的人選（可能是業務經理或高階管理團隊的成員）陪你一起，提出論據。請跳脫框架，全力以赴。

- **要樂於反覆修改**：有時候，成敗之差不過在於你願不願意修改提案。有必要時就重做，並請客戶給你簡報的機會。請善用機會，並火力全開。

- **列出願意替你背書的人**：有時候，你需要實際的成功記錄才能贏得新業務。請考慮徵詢現有的客戶，問問他們是否願意打電話給潛在客戶，替你背書。更好的做法是，邀請雙方共進午餐，並請現有客戶分享各種資訊，讓潛在客戶了解和你合作最終必然是很棒的決定。請裝匣補彈，並扣下板機。

找出你可以使用的武器，看看你要如何物盡其用，以求得勝利。你確實有這些武器，不要怕去動用！

▌成為強大的競爭者，始終如一

尊重你的競爭對手，相信他們每一方面都和你一樣好。培養你的求勝精神，結合渴望、心念和行動；學習

競爭對手的優點，同時盡可能發揮自己的長處；研究你的成敗，做為未來競爭的指引；用上所有可用的武器。遵循這些指引，你將能成為強大的競爭者，也會成為他人眼中的強大力量。

競爭不只是想贏而已；每個人都想贏。想贏，比較像是祈禱著你會贏，這不是行動導向的作為。**想要**，並不表示你會自動為了贏得交易全力以赴。競爭的重點在於**必須要贏**。就算是最好勝的業務，也不可能每次都贏。但是他會試著這麼做，而且不斷地堅持下去。

即刻行動！

檢視你手上的機會，找出特定的潛在案子，條件是你在角逐這樁生意時一直太過被動。列出一、兩件你現在需要做的事，讓你在爭取他們的生意時能展現渴望與承諾，指出你能比別人創造更高的價值，以藉此贏得他們的生意。

推薦書單

- 葛蘭特‧卡爾登，《想要成交，拿出你的口袋名單：銷售翻五倍、顧客不流失的神祕回籠術》，高寶出版。
- 麥可‧崔西與佛瑞德‧威爾瑟瑪，《市場領導學》，牛頓圖書出版。
- 傑克‧威爾許與蘇西‧威爾許，《致勝：威爾許給經理人的二十個建言》，天下文化出版。

第五章

機智
留住客戶的關鍵

如果你有更好的辦法讓靈感來找你，你就不用去找靈感。
　　——《創意百想》（*100-WHATS of CREATIVITY*）作者
「點子王」唐恩·施奈德（Don "the Idea Guy" Snyder）

　　我曾見過一張照片，拍到一部車的前輪被鎖在停車輪胎鎖上；設置停車輪胎鎖的用意，是為了讓車主在付清罰單之前不得移車。但是，照片裡只有右前輪和停車鎖，車子的其他部分不見了。

　　我知道你沒辦法把鎖住的停車輪胎鎖從車輪上移開，也沒辦法把車輪從車子上移走，因為停車輪胎鎖會覆蓋在車輪的螺母上；或者說，至少，我自認為辦不到。但是不知怎麼著，就有人有辦法把被鎖定的輪子從車子上移開。這是令人跌破眼鏡的機智範例。一般人看到的是只有付清罰款才能解決的問題，有人卻把這當成暫時性的小挫折，用新的思維來解決問題。

機智帶來銷售成就

到最終成交的路上你無疑將面對無數障礙。而機智能讓你另闢蹊徑，跳過、避過、繞過或鑽過障礙，幾乎沒有克服不了的問題。在此同時，你的客戶也要面對自己的挑戰，期待你幫助他們找到方法繞過這些挑戰。正因如此，你能不能成功推銷就變成一道課題，要看你能不能善用機智謀略來解決問題。

機智，代表你要善用想像力、經驗和知識來解決困難的問題。銷售流程中的每一個階段都需要機智。打從一開始，就連要設法和理想客戶見面，你都需要機智。這些公司聯絡窗口的業務有接不完的電話，你需要一些構想，讓自己能在競爭對手當中凸顯出來，證明你是價值創造者。當你發想新構想與新方法來為潛在客戶創造價值時，愈是充滿機智，愈能順利約到客戶。

我認識一個傢伙，他贏了一件大案子，因為他送了一隻鞋子給潛在客戶，並附上一張紙條寫著：「我只希望能把一隻腳跨進門。」我還看過其他業務送遙控車或遙控飛機給潛在客戶，但沒附遙控器，為了拿到遙控器，潛在客戶得同意和業務見一面。這些當然都是耍花招，但因為很獨特，而且憑空想出這些招數的業務心思靈巧，因此都得到了關注。

一旦你聯繫上潛在客戶並開始進行研究，可能會明白要給潛在客戶需要的東西並非易事。大家都知道一件事：如果理想客戶的問題那麼容易就能解決，早就有另一家供應商服務他們了。你必須針對這些問題提出優越的解決方案，這也意味著你要機智。

你的機智或許可以爭取到一家關鍵的潛在客戶。但是，當你修訂一套解決方案之後，可能會碰上另一項障礙：你推銷的對象並不是單一個人或部門。愈來愈多企業採共識決，多個部門的意見都要考量。有些單位可能喜歡你的解決方案，有些則不然。你可能需要想出每個人都能接受的新解決方案，讓他們達成共識。

▌留住客戶的關鍵

就算已經完成銷售，而且客戶也正在使用你的產品或服務，你仍必須機智，而且延續幾個月、幾年、幾十年。你的客戶持續遭遇新的挑戰、機會與情況，往往會要求他們創造出新的成果。你一開始能贏得這家客戶，很可能是因為當時的供應商未能解決他們的問題，累積的不滿到了一個程度，才讓他們做出改變。同樣的不滿很容易再度出現，因此如果你想要留住客戶，一定要時時保持警覺與機智。

我曾碰過一位客戶非常滿意我們的服務，但好景只維持到他的公司爭取到一家新的大客戶為止。客戶的新客戶要求很高，通常都希望馬上拿到他要的東西。過去，我的客戶下單時會給我們 72 小時的緩衝期，現在，通常他只能等 12 小時。這表示，我必須重新設計流程以滿足客戶的新需求，要不然就會失去他。這是一個要求機智的練習，而且並不輕鬆。

機智，是你處理銷售流程每一個部分時都必須具備的條件。下面舉幾個例子。

開發潛在客戶時：我見過業務拍攝量身打造的影片，用來介紹自己與團隊。我見過業務送出不附遙控器的遙控車，並建議由他把遙控器親送到客戶手上。我見過業務提出客戶沒聽過的點子，藉此得以跟客戶見面。

簡報：我曾經聘用過一位很妙的員工，他的服務對象是某家客戶，他在簡報最後把一張標語套在身上，上面寫著「選我們！」藉此表達團隊成員要服務客戶的堅定決心。這個構想來自於在我公司任職的一位業務，這麼做有用。在這個案子上，我們打敗最大的同業。

若想留住你的客戶，你一有機會就要展現機智，這是一種肯定能創造新價值的方法。季末時，和客戶見個面，提出可以導引出更佳成果的新構想，或針對你的服務做些改變。無論何時，當你和客戶在一起時（你應該盡量多花

時間和客戶相處），都可能會想出能帶來正面改變的想法。你和他們之間的對話，也會透露出對方有哪些需求在改變，這些改動的需求正是源頭，會在未來製造出問題，而且源源不絕，因此需要你善用機智來解決。

▍重點是想法和解方

機智的業務之所以能完成看來不可能的任務，是因為同業對手沒有這麼靈活，兩者相較之下，機智的人是用不同的心態來處理問題。他們用預期或許可以奏效的方法，找出替代的方案，並且自然發想出新構想。他們會善用自身的創意，嘉惠公司、客戶以及自己。

以前我某家客戶公司裡的員工常常會偷懶蹺班。有一群員工會遲到早退，由另一名員工在準點時幫所有人打卡。各家要來搶這樁生意的公司用傳統方法解決此一問題：想辦法當場逮到不老實的員工、聘用專人監督打卡鐘等。但這些構想既沒有效果，成本又高。我的團隊決定把焦點放在打卡鐘上。我們找到一家小型的打卡鐘製造商，可以結合生物性特徵手掌掃描機，這類功能通常是對安全性要求極高的設施才會用到。這樣的打卡鐘很貴，但一次付清這筆費用遠比員工持續摸魚打混殺時間更具備成本效益。這項聰明機智的解決方案贏得了這

筆生意。

現在你了解機智的重要性了，但要如何運用？我們來看看其中兩個要素：

- 信念：你必須揚棄某些信念，停止認定某些事不可能做到，不要在一開始就打敗自己。反之，你要擁抱能帶來力量的信念，相信自己一定能找到辦法。機智的人知道，即便解決方案不是一下子就顯而易見，但很可能真的存在。事實上，可行的解決方案或許已經在你的掌握之中了。我們有一家客戶在製造商品時遭遇問題；這項產品是安裝門片時很重要的小零件，作用是擋住水和光。專利是他們的競爭優勢所在，但是，當專利到期時，就需要新的東西了。新產品只要送檢一次取得認證即可，但設計部門的主管誤以為每一次都必須通過政府強制的檢測。然而，由於相信必須（而且可能）發明出這種百分之百通過檢驗的極可靠產品，這位設計師最後還真的做出來了。他相信能達成完美，並且以新的觀點來看待問題，最後也創造出市場中絕無僅見的最佳產品。
- 想像力：肯恩・羅賓森爵士（Sir Ken Robinson）身兼作家、演說家與國際性教育顧問等多重身分，

他說想像力是「將我們的感知系統還感受不到的事物帶入心靈的能力」。想像力幫助你發想新的構想，包括全新的構想，以及由其他既有構想拼湊而出的新組合。新構想讓你能解決問題並創造機會。

▍找回初心

要不斷湧出新想法和做法極具挑戰性，你必須把自己從過去的經驗裡抽離出來，把從前的種種推出意識之外。理想的做法是練習找回初心，這是禪宗的概念，指的是「初學者的心情」。當你用初學者的心情檢視事物時，要揚棄定見、偏見、過去的經驗以及其他讓你用有色眼鏡看待事物的心理障礙。反之，你要用全新的眼光與開放的心情來看事物。通常，這是發展新構想與找到新方法解決問題的關鍵。

李小龍（沒錯，就是那位李小龍）說過一則故事，提到某位大學教授找到一位大師，好幫助他理解禪宗。當教授來訪時，禪師給了他一杯茶，教授優雅地接下了。他們在談話時，禪師繼續把茶倒進教授的杯子裡，直到茶水溢出來。教授說了：「不好意思，茶水滿出來了。」禪師回答：「喔，你注意到了。要在杯子裡多加水，你

必須先把杯子空出來。」

銷售老將也會遭遇類似的問題。如果你相信要用某些方法做事，或者太固守曾經奏效的做法，過往的經驗將干擾你成為機智的人。為了避免這種情況發生，就要找回初心，並質疑你過去得到過的解答未來是否仍是最佳答案。自問以下幾個問題：

- 如果我是第一次碰到這個問題，可能會找出哪四種或五種方法，試著創造出更好的成果？
- 其他人如何解決這個問題？哪一部分的我對於嘗試新做法感到不安？這又為什麼會讓我不安？
- 當我用選擇的方法做事的這段期間內，有哪些因素已經改變了？這個方法仍是正確的選擇嗎？

放開自己的經驗與信念是一件難事。當你做事時，試著把自己當成沒有答案、正在摸索的人。如此一來，你必須找出可能性並發想構想。你必須相信有可能找到答案，甚至可能找到好幾個。

▍馬上變得更機智的五個方法

你是一座深沉且不見底的井，可源源不絕冒出創造

價值的構想。（若非如此，你讀完本章之後，也可以變成這樣！）我們來設法培養你的機智特質：

一、花時間思考

我是說真的。你必須多花點時間思考，就算這是有生以來做過最困難的工作，也不可輕言放棄。多數人其實比自己以為的更加機智。我們有能力發想嶄新、可創造價值的構想，只是沒有常常練習這麼做。

許下承諾並安排時間思考。一開始先每星期撥一個小時出來，專用於思考。如果你不知道從何做起，可以試試看問問自己，我或能夠嘗試哪些新的事物，以解決這位客戶目前遭遇的問題？回答這個問題，可以幫助你想出可能性。為何我所有的理想客戶目前都面臨這項挑戰？這個問題也許可以幫助你從根本發掘出系統性挑戰以及解決方案。

由於這可能不是你經常去做、已經很熟練的練習，因此，可能會讓你訝異的是，要坐下來想一想客戶以及如何用新的方法協助他們，竟是如此困難的事。凡事起頭難，但一旦你讓大腦開始運作，困難就會過去。

二、激發構想

想出很多新構想，多到十幾個。不要試著發想出「完

美」的構想，也不要擔心這些構想看來難以執行或不可行性。只要發想就好。把你想到的任何事都寫下來。

能引起注意力的構想，正是最需要你投注心力之處。當你開始寫下想法，某些構想或主題會自行跳出來。你必須信任這個過程。如果你需要一點助力才能開始，思考下列幾項問題可能會有用處：

- 我可以做什麼來幫助客戶獲得更好的成果？
- 如何啟動毫無進展的機會？還有哪些是我沒試過的做法？
- 我的客戶群最常面臨的問題是什麼？我能提出哪些新的解決方案建議？

寫下以上幾個問題的回答，而且要詳細地寫下來。當你寫滿三大張筆記紙的時候，我保證你一定會從中找到值得努力的項目。

用新方法解決問題的能力，不是少數天才的專有特權。每一個人生來都有想像力與創造力。你看過孩子們自然而然的遊戲方法，深深沉浸在自己創造的世界與情境當中。「成人」心態干擾我們善用想像力、創造力與機智的能力。你可以坐下來思考，繞過成人心態，然後把心裡想到的事寫出來。

三、在不帶批判的前提下探索構想

有些人的機智程度遠低於應有的程度，因為他們太愛批判了。當他們聽人家說起新構想或是自己想出一個新構想時，馬上就想到所有會導致這個構想失敗的理由。他們最愛的說法是：「我們之前試過一次，但沒有用。」可能這次也沒有用，但是我們可以修正，一直到有用為止。或者，也有可能要等你更有能力執行時才會有用。

如果你嘗試想像與創造，又同步去批判想到的構想，心智當中挑剔的這一面將會關閉創意的那一面。因此，當你努力想要更加機智時，只要把焦點放在發想構想上，把針對構想的批評、整理和排序都留待日後。讓別人去扮演魔鬼代言人的角色，你的工作是扮演天使代言人。

四、找出替代方案

你找出一些想法之後，很容易就會認為必須卯足全力去完成。之後就算已經創造出想看到的成果，還是得繼續堅持下去。

堅定如鐵的決心很可敬，但通常都會有更好的做法。我的朋友、也是《創意百想》的作者兼創意大師唐恩・施奈德很愛這麼說：「問出更好的問題，將會給你更好的答案。」

以培養機智來說，更好的問題或許是：「我的所有

行動選擇是什麼？在有用的做法之外，還有什麼？」

舉例來說，假設你需要更好的銷售管道。你或許判定必須打更多電話；以前這種做法對你來說有用，但是那可能不夠。那麼，你還有哪些選擇？你可能會考慮推薦、靠人脈、商展或是類似網路研討會等可能創造引介機會的活動。接下來，就是比較沒那麼明顯的做法，例如送一個垃圾桶給理想客戶，裡面裝滿你的文宣資料；唐恩就把這個點子賣給暢銷書作家傑佛瑞‧基特瑪（Jeffrey Gitomer）。

發展出大量構想，並探索每一個想法。你可能會發現有些效果比你現在用的方法更好，或者，組合幾種技巧可以產生最佳結果。

五、堅守正向的態度

如果想毀了自己的銷售生涯，你可以開始動不動就說：「做不到。」對客戶說這句話，對自己說這句話，你就踏上了離開這一行的道路。

這個簡單的句子絕對是扼殺銷售業務的兇手，理由有二。其一，當你說「做不到」時，就是在廢自己的武功。如果你相信某件事做不到，引申的意思就是，你做不到，那幹嘛去做呢？當你對自己說，你一定約不到理想客戶，因為這家客戶已經和競爭對手合作了，那麼你就是給自

己一個不去嘗試的理由。另一方面，機智的推銷員面對相同情況時會想著：「我知道一定有方法可以進到這家公司，是什麼方法呢？我還可以做哪些嘗試？我如何善用自身的信念、研究與想像力，約到客戶並完成銷售？」

其次，說「做不到」就是避免負起個人的責任。如果你真的什麼也做不了，那就不能叫你負責。你不只說而且相信做不到，就免除去試試看的責任（以及應該對結果負起的責任）。但是，身為業務的你，受到公司聘用的原因就是要想辦法幫助客戶，而且他們對你也有同樣期待。滿足期待的唯一方法，就是把「做不到」從你的字典裡徹底刪掉，並善加利用你的機智。

事實上，你可以找到方法。此外，你需要先這麼做，不要等到其他同樣機智的業務想到好點子並搶先你一步。

機智是你最強而有力的推銷武器之一。你的創造力讓你有能力解決問題並克服挑戰。要演練這項技能，你需要用不同的觀點來看問題，並提出不同的問題。這是創新與改進的核心，也是你幫助客戶與公司創造出更佳成果的最好機會。

▍頂尖業務都充滿機智

少了它，將會導致自滿、引來客戶不滿，進而使你

被競爭對手取而代之。機智的業務永遠會尋找嶄新、充滿想像力的方法去幫助客戶提升成果，當你這麼做，也更有可能贏得並留住客戶。

偉大的業務都充滿機智。他們運用自身的機智找方法切入其他人接觸不到的潛在客戶。一旦成功接觸客戶，他們會和潛在客戶合作，發想能創造願景的構想，看出如何解決問題或如何取得競爭優勢，為了自己，也為了理想客戶而努力。

即刻行動！

機智，是把想像力和創意運用到某些問題與挑戰上。目前有哪些問題是你在正與之搏鬥、一旦解決便能帶來突破性成果？坐下來，準備紙筆，列出五件以上你可以做、而且可以創造出預期成果的事。你可以想出五件，但如果你需要更多想法，也可以請產業外部人士幫忙，他們因為不在你所屬的領域工作而不會受限，可用不同的眼光看問題。

推薦書單

- 傑克・佛斯特，《如何激發大創意：Jack Foster 的創意奇想法》，滾石文化出版。

- Sanders, Tim. *Dealstorming: The Secret Weapon That Can Solve Your*

Toughest Sales Challenges. New York: Portfolio, 2016.

- Snyder, Don "the Idea Guy." *100-Whats of Creativity.* www.100whatsbook.com, 2009.

- 羅傑‧馮‧歐克，《當頭棒喝～如何讓你更有創意》，滾石文化出版。

第六章

積極主動
成功敲開理想客戶的大門

做好準備非常重要，但若無聚焦且大規模的行動，世上任何準
備都無法助你成功。

——普瑞瑪瑞卡（Primerica）金融公司
傳奇銷售領導者海克特・拉馬奎（Hector LaMarque）

　　身為業務的你無疑是出色的跳高好手，當現有客戶
或潛在客戶說：「跳！」的時候，你會微笑詢問：「要
跳多高？」

　　回應客戶的需求是好事，但銷售上要有所成就，你
要做的不僅止於此。你需要預測出客戶的需求，而不是
等著他們告訴你要什麼。不要等他們叫你跳，你會希望
能讓客戶喜出望外，看著你跳出破記錄的高度。

　　乾等待，不會讓你在銷售領域（或任何其他領域）
獲得成就。你不能期待理想客戶主動招手、打電話給你
或寄電子郵件尋求你的協助。他們的生活中已經有太多

消極、說一動才做一動的人了。你需要積極主動，定義自己，並讓你提供的產品服務顯現出差異性。

▎從物理學來說，你處於優勢

牛頓第一運動定律說，物體靜者恆靜，動者恆動，除非加諸外部力量才可能改變。換言之，物體傾向維持目前正在做的動作。你可以成為自己的力量，採取積極主動，推著自己行動。一旦你朝向成功前進，便會發現，保持下去是很容易的事。這稱為動能、也有人稱為「大動能」（big mo），而且這是改寫遊戲規則的因素。

你的理想客戶很可能日復一日，重複現在做的事。他們想要變得更好，但除非你能成為施加在他們身上的外部力量，不然他們很可能僅能延續目前的方向。現在就開始採取正向的行動！

▎五件事不能等

業務銷售是一種行動取向的任務，因此，等待可以視為詛咒。對成功的業務來說，以下這幾方面不能等：

- **等機會**：盯著電話，期望潛在客戶會回電或回覆

電子郵件，正是造成災難的元素。理想客戶忙到沒時間回覆業務，因為很多人都在浪費他們的時間。而且，當他們急需協助，最多也只需等一、兩個小時，就會有採取主動積極態度的對手聯繫他們。鐵律是這樣：機會不會自己送上門，你得採取主動、創造機會。

- **等別人**：等待行銷部門培養出客戶然後推介給你，是很糟糕的策略。推介是蛋糕上的裝飾，而不是蛋糕本身。你不能等著別人替你工作，就算他們的用意是在幫助你也一樣。主動採取行動，培養出自己的機會管道。

- **等理想客戶感到不滿**：等著理想客戶來要求你幫忙，是說一動作才做一動作的消極性策略。你已經打過幾百通、甚至幾千通電話推銷，你熟知產業，知道大家需要的是什麼。不要等著人家問，主動為理想客戶提供新資訊和構想。採取先發主動將能讓你威力無窮，鶴立雞群。

- **等著理想客戶達成內部共識**：如果你只等著現有客戶與潛在客戶，在他們的組織內部對改變與你的解決方案達成共識，你的機會必死無疑。如果他們能在沒有你的情況下得到這些支援，早就做了。現狀會讓你等到天荒地老，就像在你之前的

許多業務一樣，除非你採取行動有所改變。

- **等待理想客戶的指導**：等待客戶告訴你如何執行解決方案，是很被動的態度。很多時候，對方根本不知道要如何提供你的服務。當你站著乾等他們指導時，他們也等著你去做相同的事。你的執行計畫是什麼？請在有人問起之前就先擬定一套計畫並展現出來。

請記住，當你靜待好事自行發生時，你的理想客戶也在等待一個帶著關心、機智的價值創造者會有所行動。他們等待真正可以幫助他們的人，等著此人分享可創造價值的重要構想，創造出他們亟需的成果。你的理想客戶正在等著一個主動、積極行動的人。

如果你就這麼等著等著……而他們同樣也等著等著……會發生什麼事？什麼事都沒有。然後會有別人趁虛而入，在你眼皮子底下偷走你的客戶。

▎積極、敬業、創新

請整備自己進入行動狀態，並掌握主動。你要做到積極、敬業與創新：

- **積極**：其他人都還沒意識到有必要行動之前，你就要出擊。偵察出改善的機會以及需要解決的問題，然後成為第一個到場的人，重點是要揣著解決方案。
- **敬業**：完全投入工作，深度思考，並發掘能嘉惠客戶、公司以及自己的機會。展現超乎期待的行動，而且要馬上動手。
- **創新**：就算目前的使用的技術有效，還是要尋找嶄新、非凡的方法改善成果。

我認識一位女性業務，她推銷的是非常複雜的解決方案，需要借助合作夥伴的公司從新客戶身上收集資訊。但是最後得到的數據品質通常很糟糕，但新客戶發現自己付了錢卻無法得到必要成果的時候，潛藏的缺點才會暴露出來。

這位女士積極採取先發，及早行動，檢視收集數據的過程並先阻止問題。她和客戶會面並檢查數據，以保證百分之百正確。這些事通常不在銷售部門的管轄範圍內，但她因應這些挑戰的做法，使得客戶不僅當她是業務而已，現在還是值得信賴的顧問。主動可以重新定義理想客戶看待你的觀點，並大幅提升你帶來的價值。

積極主動幫客戶創造價值

理想客戶希望你比他超前快兩步，不用等別人要求，你就做了該做的事。他們希望你的行動就像他們的管理團隊成員一般，代表他們快速做出反應。

幾十年來，我們接受的教誨是好的業務會在開出解決方案之前先做出診斷。但是，這要如何對應你從客戶那邊聽到的說法呢？當我和客戶的高階主管會面時，我很少聽到他們說：「請幫助我們診斷問題。」他們通常的說法是：「聽好了，我們不知道還有哪些事是不知道的。你是局外人，看過其他企業的行事作風。接下來我們該怎麼做？」我的客戶希望我提供新的構想。積極主動開啟銷售機會，在那之後，則要展現診斷與提出解決方法的技能。

最成功的業務會持續提供客戶新點子。他們會先主動提供下一個可能將客戶業務推向新高點的新事物。他們的積極主動能為客戶創造出成果。

別讓自滿毀了你

回想一下你最近失去的客戶。你有感覺被客戶拋棄嗎？你們之間本來關係很好，雙方合作愉快，你也提供

承諾的一切。長期下來，你為了經營這份關係能做的事愈來愈少，因此你做的事愈來愈少。到底是誰拋棄誰？

《忠誠顧客：如何培養，如何保持》（*Customer Loyalty: How to Earn It, How to Keep It*）作者吉兒·葛里芬（Jill Griffin）指出，因為善意疏忽而失去的客戶，遠高於因為其他理由而流失的客戶。

人很容易自滿。我們辛辛苦苦才贏得客戶、簽下合約並培養出強韌的關係。但是之後我們就誤信讓人安心但虛假的信念，認為我們擁有了這位客戶，現在如此，未來也將如此。我們向前邁進，將心力投資在其他地方，忽略現有顧客的需求。我們不再打電話給他，不再去拜訪他，也不會知道他現在正在苦戰，與尚未解決的問題纏鬥。在此同時，會有別的業務積極主動，解決客戶目前的挑戰，也因此，你失去了自以為是囊中物的客戶，只能任由他跟著競爭對手走。

克服自滿的辦法，就是積極主動。積極的行動是，證明你在乎客戶、客戶面對的挑戰以及客戶的銷售成果。積極主動可以確保你能持續為客戶帶進新的構想並創造更好的成果，藉此保護你免遭客戶背棄。簡而言之，這就是持續地為客戶創造價值。當你執行一個新構想時，馬上就要開始構思下一個。請記住：兩情若要久長，必得朝朝暮暮，你人不在，只會讓客戶的心思飄走。一旦

你不積極主動，就是直接把客戶送進競爭對手懷中。我要再說一次，一開始這位客戶的不滿為你創造機會，贏得交易，同樣的不滿也會為你的競爭對手所用。正因如此，事前主動非常重要，你要不斷尋找新方法為客戶創造價值。唯有如此，才能抵禦競爭的威脅。

▌主動出擊

主動出擊不是指只有事情不順利的時候才要加快腳步去做的事，這必須是你例行公事的一環，是一套不斷重複且可以重複的流程。

要主動出擊，你首先需要的是可以據以為行動的構想和洞見。你可以從下列三個來源中尋找構想與洞見：

一、從團隊中獲得想法

每個月排定和銷售團隊聚會，針對如何為客戶創造價值提出新的觀點。討論客戶群共同面對的挑戰，並分享可創造出最佳成果的解決方案。然後更進一步，進行腦力激盪，試想如果能夠落實，哪些想法可為客戶創造更高的價值。你的公司內部非常可能已經有了你需要的構想，你要做的只是採取主動，把這些想法抽出來並加以落實。

在我從事人力招募業務的家族企業裡，我們遭遇的

問題是安排好上班的員工後來卻沒去報到。某場員工會議裡，有人提到，來我們這裡找工作又受到聘用的人當中，拿到詳細工作說明的人準時上工的比率，會比沒有拿到說明的人高。因此我們決定，強制規定每個人都要在面對面的會談中拿到工作說明，這麼做比較耗時，而且對我們的公司來說成本更高，但即便如此也要做。結果好到無庸置疑：報到率大幅攀升。

二、從經驗中累積

　　一旦你和特定的產業和幾家客戶合作過之後，就會知道流程是怎樣；你會知道他們怎麼做事，也會了解他們如何實行你推銷的解決方案。現在，請檢視其他產業的運作方式。學習不同產業的運作流程，然後套用在你所屬的產業上。

　　當我開始從事人力派遣產業時，文件管理（影印機）產業會派駐員工到客戶公司，管理對方的機器和用紙。我的人力派遣公司也接受這個概念，派駐員工到客戶所在地。從其他產業界得來的想法很容易應用到不同產業上。如今，這種駐點服務的概念已經很普遍了。

　　這類洞見可創造價值，並改善客戶獲得的成果。這樣的洞見也不需要多偉大的想法。你可以經常將可以創造價值的小構想轉移給客戶，然後從中得到非常正面的

成果。

三、力抗產業的浪潮

分析自身所屬的產業並做出相應的改變，常常能從中得到構想和洞見。找出一項標準的業界做法，並研究可以用哪些不同的方法來執行。回想一下你產業裡有人說過「我們不這麼做」的事。現在，請問問自己：「如果我們過去這麼做了會如何？」或是「我們可以怎麼做？」

我們某家客戶的競爭對手採低售價策略，卻向服務顧客的供應商收取高額回扣，藉此提高利潤率。我的客戶決定要抵抗這股風潮，拒絕向供應商拿錢，選擇價格透明化策略。藉由向客戶解釋為何他的產品比較貴，以及為何這樣做反而對客戶有利，他贏得了對方的信任，以及他們的生意。

這裡還有另一個範例。大都市裡很多旅館會接駁住客往返機場。我常住的一家旅館決定，他們不光是到機場接駁住客而已，他們接駁房客到任何他們想去的地方。這樣做要多聘司機還會增加成本，但這家旅館也因此能事前主動滿足客戶的需求。其他旅館說：「不要，這樣成本太高。」但這家旅館說：「要做！」這麼做雖然會多加一點成本，但能培養出堅定的忠誠度。

在日常中尋找機會與挑戰

我有一位客戶銷售旅遊服務，而她有一位客戶每年都用同樣的方式度假。有一年，她發現如果早三個月預訂，可以替客戶省下的總價超過三成以上。她打電話給客戶分享這個消息，客戶預訂了旅遊行程，而且高興得不得了，又多預訂了一次更高價的旅遊。

你每天都有無數的機會可以展現主動。你的客戶非常可能一而再、再而三下相同的訂單，因此你可以預測到他們的需求，並做好準備去滿足需求。他們可能也固定面對相同的挑戰。為他們提供使用者指南或影片，說明如何處理這些問題，也可以助他們一臂之力。先發主動，提供你知道客戶會需要的支援。

你也可以先預期會影響到客戶銷售的政治、法規、經濟、科技與社會變遷。讓客戶能掌握未來的改變以及這些改變將如何影響他們的企業，你將能建立好名聲，成為協助客戶透視未來的人。藉由主動出擊，你會成為受人信賴的顧問，客戶仰賴你幫他們未雨綢繆。

事前主動分享新構想與洞見

將積極主動融入你的銷售流程中。每季和客戶會面，

檢視你的績效和雙方關係。季度會議是很好的機會，可以讓客戶公司裡的利害關係人共聚一堂。他們將會幫助你找到可以做的改變，以提升你的服務品質。對於該如何提供協助，你的客戶可能已有想法。每三個月見一次面，你可以持續做出正面的改變，並獲得相關的回饋，為你指出未來的行動方向。你也可以把從某一家客戶的季度會議中學到的心得套用在另一位客戶身上。

▎現在就行動

你的客戶永遠都需要新的構想與解決方案，因為他們永遠都要面對壓力。你的競爭對手會刺探你們雙方關係的弱點所在，並試著搶走你的生意。莫等待；馬上行動！

業務要發展高價值、策略性的關係以培養出終身客戶，就要主動積極、先發行動。

> ## 即刻行動！
>
> 你忽略了哪一家客戶？（很可能不只一家。）讓我們從最重要的客戶談起。現在你認為他們下一次應該率先實行的行動是什麼？請針對本項行動寫出一頁的商業案例，並打電話給客戶，安排一次午餐的約會。在午餐席間，請為了沒有更早為他們提出這個想法致歉，並徵求同意向他們報告這項行動，你知道這項行動將有助於推進客戶的業務，同時也推進你們雙方的關係。

推薦書單

- 史帝芬‧柯維、羅傑‧梅瑞爾、麗蓓嘉‧梅瑞爾，《與時間有約：全方位資源管理》，天下文化出版。

第七章

堅持
再難纏的客戶都能征服

夢想實踐者與其他人有一項最大的差別，就是即便情勢看來早已不合邏輯、不符理性、毫無樂趣、不甚公平與不太聰明，前者仍願意繼續長久嘗試下去。

——《針鋒對話》（*EDGY Conversations*）作者
丹恩・瓦德許密特（Dan Waldschmidt）

　　這是一個真實故事，我曾經每個星期打一通電話給某家理想客戶，持續 75 個星期，並留了 75 通語音留言，才讓他在第 76 個星期願意接我的電話。當我想要約他會面時，他很惱怒地回我：「你已經打過100萬次電話給我了！」顯然，我固執、堅持尋求機會服務他並未讓他銘感五內。

　　「實際上，」我輕聲回答，「我只打了 76 次。」

　　過了一分鐘後他才說：「好吧，是我覺得有 100 萬次了。如果你現在出來，我就給你訂單。」

　　兩分鐘後，我已經坐進車裡。又過了 20 分鐘，我人到了他辦公室，拿到這筆訂單。就像變魔術一樣，他從

理想客戶變成貨真價實的客戶！

堅持的力量就在這裡。如果你不接受「不」，如果你不放棄，而且不對現況棄甲投降，機會之窗最後終會打開一條縫，而那一剎那你也將能適時站在它前面。如果沒有縫隙，你就繼續用鐵撬去撬，直到它打開。

堅持是一種行動：你選擇自己想要的結果並努力爭取，一直到你得到為止。堅持是要有決心、耐性，不可撼動，而且頑強地踏在通往目標的路上。你非常渴望能達成目標，於是你不斷追求。你絕不放棄。我說的是「絕不放棄」。

堅持不懈是銷售成就中的一項要素，這是指，當你很清楚無法輕輕鬆鬆就達成目標時能決議放手去追求。這是一種勇往直前的意願。曾任美國總統的柯立芝（Calvin Coolidge）說過，什麼都不能取代堅持。他隨後補充：「才華取代不了（堅持）；有才華卻不成功的人，比比皆是。天才取代不了；不得志的天才變成了一句大概人人都感嘆過的俗話。教育取代不了；這個世界處處都有受過教育的失敗者。只要有堅持不懈和果斷決心，便擁有至高無上的力量。」「至高無上！」這個詞聽起來威力無窮，對吧？

我確定，你一定認識某些極敏銳的人，他們的聰明才智犀利到可以割傷你，但是他們無法堅持努力下去，因此表現很糟糕。某些和我一起畢業、當時和我賺同樣

多錢的人，在哪一行都待得不夠久，熬不到傑出的時候。他們什麼都有，就是沒有堅持：這種能力會不斷逼著你向前跑，直到你衝過終點線為止。

堅持是由三種特質組成：

- **決心**：要打定主意。沒錯，就是要做到無法撼動，誓言達成目標。你絕對、絕對不能放棄。你要保持聚焦並全心投入於達成目標，就算是你失敗時，就算在你不知道怎麼做才能成功時，都能矢志不移。
- **韌性**：不管面對什麼事，要有像鬥牛犬一樣緊緊壓制、堅持不放的態度。「像狗一樣死纏不放」是絕佳的韌性同義詞。
- **膽量**：即便面對障礙與拒絕，只要有勇氣加上決心，就可以推動你向前邁進。你不怕忍耐、不怕咬著牙撐過去，也不怕弄髒自己。

▌「不」的意思是「現在不要」

「不」是銷售領域最常見的字眼，多數潛在客戶第一次接到你電話時都會說不。你需要他們說出某些承諾、好讓你有機會推動銷售的進度，他們也說不。他們會在你做完推銷之後說不，尤其是講到價格的時候。但如果

你每次聽到「不」這個字時都放棄，你覺得多久之後會發現自己沒有半個可以拜訪的潛在客戶？當你試著安排第一次的會面時，多數人都會說不！

凡事起頭難，但請試著不要給「不」這個字附加任何負面意義。不要相信這是在拒絕你這個人，貶低你身為人的價值。反之，你要把這當成一種回饋意見。「不」這個字是在告訴你要改變做法、創造更多的價值，或者是請你稍後再試。得到一個「不」並不是失敗；這是資訊。

就算在一場艱辛的比賽結尾時得到「不」的答案、讓競爭對手成為贏家，這個「不」也並不是真的代表了「不」。潛在客戶不和你做生意，有時候是因為他們選擇你的競爭對手，有時則出於其他理由。你找到機會，你競逐這個機會，你輸掉這個機會，但這並不表示你就應該走開；不管怎麼樣，都請堅持不懈，繼續和客戶互動。成功的業務知道賽局永遠都是開啟的。只有一種情況是無藥可救，那就是你走開了，你放棄了。

如果你是真心想要爭取到這家潛在客戶，不要放棄。重新努力，然後培養這份關係，當下一次機會又出現時，你就能站到前面去。請把目標設定為長期下來要贏得客戶，以此作為你努力的方向指引。請記住，你的競爭對手也和大家一樣，很容易自滿，這表示，他早晚都會摔一跤。一旦發生這種事，你就會變成隊伍中的第一人，

贏得理想客戶的生意。

要堅持、要敬業，而且要以專業的方式堅持下去，隨時做好準備抓住機會。這些贏得客戶生意的關鍵，即便在面對客戶說「不」的時候都有用。

▌不要變成討厭鬼

不斷出現在客戶眼前並提供構想與資訊很重要，但是不可以騷擾客戶。就算有時候客戶是出於無奈才接受堅持不懈的業務，但他們還是會感到佩服。就有客戶曾經跟我說，願意約我見面只是因為我堅持不懈。也有人說，像我這麼堅持的人，值得進入他們的團隊。然而，堅持和擾人之間有一條界線，你絕對不該越界。

堅持和擾人的差異，在於你傳達的內容。如果每一次的溝通顯然都是試著對客戶推銷，這很快就變成騷擾。如果每次的溝通都包括可以創造價值的資訊，客戶就會認為你是堅持，好的那種堅持。

請記住，每一次互動時，你若不把自己定義成價值創造者，就會變成浪費時間的人。請想一想業務針對潛在客戶與現有客戶廣泛使用的季度查核電訪。我認為這是浪費時間的打擾，用這些招數的都是無法提供價值的業務。

有一位業務每一季都會打一通電話給我，持續將近

20 年。每通電話都一模一樣。他會說:「你好,我是某某(在此隱去公司名稱,以免太過尷尬)公司的麥特,我只是想問候一下,看看有沒有什麼改變。」

我也總是給他相同的答案:「沒,什麼都沒有,一切如常。」

麥特不受影響,繼續問:「下一季我還可以打電話來問問你嗎?」

有沒有什麼改變?麥特老兄!過去 20 年,一切都變了,不管是我的公司、我的產業、整個經濟……全世界!你不可能沒看到過去 20 年大規模的科技、經濟與文化變遷。但麥特並未注意到任何值得一提的改變,因此從沒問過這對我的業務有何衝擊。他沒提過任何一個他認為可以幫助我的想法。這樣的麥特就變成討厭鬼。我還是願意接他的電話,因為這個故事是很好的業務教材,這方面的價值每過一年就更高一些。但是,唉,可憐的麥特從來沒有賺到我的生意。

如果你打電話給潛在客戶只是問:「有沒有什麼改變」,你馬上就自我定義成浪費時間的人。別說你是「沒事,問問而已」,這句話代表你根本不能提供任何有價值的事物,反之,你要在潛在客戶變成客戶之前先分享想法,藉此創造價值。現在就去培養你需要的關係,當銷售的時機到來,顧客會把你當成帶著有價值想法、而

且也有能力落實想法的人。

▋時機最重要

　　堅持的祕訣，是知道何時該耐心靜候，何時又該主動攻擊。我曾經找到一家理想客戶，我們提供的服務完完全全符合這家公司的需求。跟我們合作再自然也不過了……但是握有採購權限的高階主管不願給我機會，拒絕我的推銷。我往前推，她往後退。我毫不退縮，她不為所動。從我的記錄來看，這種情況持續了七年。我曾開玩笑對朋友說，「她必須先翹辮子」我才有機會助這家公司一臂之力。這句話也不是全對，但在她離職之前我都不得其門而入。

　　等她一走，我馬上就打電話給她的繼任者。我怎麼知道這位前輩離職了？這七年我不斷地拜訪她，即便一直聽到「不要」，仍持續嘗試創造價值。然後，有一天有人告訴我：「她已經不在公司了。」短短幾天內，我就和接手的高階主管見面，提案證明我們是最適合的夥伴，贏得這家全國知名品牌大公司的生意，金額為兩百萬美元。

　　這就是你應堅持的理由：這樣一來，你才能在對的時間出現在對的地方。因為你不知道什麼時候才是對的時間，因此，持續現身能確保時機來到時你人也在場。

有時候你必須等待路障清除。要有耐性，並在重重約束下行動，你要知道，在某個時候，情況會轉而對你有利。當情勢好轉時，你人會在，做好準備積極行動，捉住機會。

█ 善用堅持精神的三種方法

且讓我們在此先畫下基準線。從今天開始，你將成為鬥牛犬。沒有備用方案也不能退縮，沒有放棄也不能投降。你將會堅持追求目標，不成功便成仁。你將成為大膽、果決、堅持、固執的價值創造者。

你準備好做些什麼增進你的堅持態度嗎？且讓我們深入探究。

一、重新定義挫折

挫折和障礙就是業務銷售的一部分，你絕對逃避不了。長期要能成功，你必須自制，不要賦予挫折負面意義。反之，要把挫折與障礙重新界定為回饋，幫助你進行調整。然後再試一次。

你對自己說的話，會幫助你從正面的觀點來看待「不」或者失敗。你不要對自己說：「我永遠無法讓這位客戶答應見我，」反之，你要說：「我才剛剛培養出

正在發展的關係。多打幾通電話，他就會答應見我。」
與其把拒絕看成永久性的失敗，你應該做的是對自己說：
「他們剛剛和競爭對手簽了一年契約，這表示他們留給
我 365 天去贏得他們的生意。我才最適合他們！」

銷售就像是解謎。一旦卡住了，就試試看新的辦法，
變得更善用機智，並堅持不懈直到找到有用的方法。某
些你將擁有的最佳客戶，會是最難爭取的客戶。如果你
想贏得他們，必須堅持解出這個謎。

贏得難以爭取的客戶有一個附加好處：對你的競爭
對手來說，要爭取到這些客戶也同樣困難。多數競爭對
手不會像你這麼堅持，因此，難纏的理想客戶長期來說
更安全。

二、重新設定比賽時間

以籃球來說，當哨聲響起時比賽就結束了。業務銷
售沒有哨聲……因為這場賽局永不結束。

我很難說清楚業務有多常問到：「我何時才能不再
打電話給潛在客戶？」他們只是在等待哨聲響起，而不
是一路切回半場，試著得分。但是，現在「不」並不代
表永遠都「不」。當你知道自己可以比別人創造出更高
的價值，為何不再拜訪給理想客戶呢？

我曾經聽過哈維‧麥凱（Harvey Mackay）暢談他的

第一份銷售工作；他是一位備受尊敬的勵志演說家，也是多本商業財經暢銷書的作家。他問一位頭髮灰白的業務老將何時才可以放棄，這位業務老兵回答：「等到你死或他們亡的時候。」我複述這則故事幾十次，也多次於演講當中引述，每次都能引得哄堂大笑。這句話也讓人們有力量不斷嘗試。只要你有能力幫助潛在客戶創造出更好的成果，請繼續前去拜訪聯繫。

你或許認為已經失去某個銷售機會，但是比賽還沒結束，事實上，才剛剛開始。現在的堅持與採取行動，能幫助你在日後贏得客戶。更好的是，當你這麼做時會把「比賽結束哨音已經響起」的想法拋諸腦後，因為你的賽局永不結束。

如果你到目前為止還不曾嘗試過這種方法，請列出一份清單，寫出你曾爭取但最後失敗的理想客戶。把這些客戶變成你要堅持不懈去爭取的對象，一直到你死或他們亡為止。

三、嘗試新方法

成功通常都是你要不要去做實驗的問題：做實驗，指的是永無止盡地尋找能開啟機會的鑰匙。愛迪生（Thomas Edison）試用過逾 3000 種不同材質，最後才找到實用的燈絲。「如果我找到一萬種沒有用的方法，我並未失敗。」

他說，「我不會因此受挫，因為每排除一種錯誤的嘗試，通常就是向前邁進一步。」愛迪生或許誇大失敗的次數，但他要傳達的重點強而有力。他堅持不懈。他知道最後總會找到有用的方法。你也可以效法他，而且不需要試過一萬次。

想一想你是為了要達成哪些成果而嘗試，並列出一份可以讓你離目標更近的行動清單。不要擔心行動的規模，不管是非常重大、大到要扭轉乾坤，還是十分渺小、小到微不足道，都不重要。你要做到以專業態度堅持下去，關鍵是要能得到、取用大量的工具、想法與技巧，如以下範例所示：

- 當你的理想客戶和你通電話時拒絕你的見面邀約，你可以送出紙本，上面寫著個人化色彩濃厚的說明，告訴他這張紙裡的主要構想或許可以幫助他創造出更佳的成果。
- 當你的理想客戶拒絕你在電子郵件中提出見面的要求時，你可以再發一封追蹤郵件，裡面附帶一則故事，說明現在如何協助另一位情況類似的客戶。
- 當你失去某個銷售機會時，請求對方和你會面，以瞭解他為何選擇競爭對手。之後，請務必要說：「感謝您給我的回饋意見」，並請求對方給你機

會再試一次。當你得到二度機會時，請盡全力做出所有必要改變以利求勝。當你在等待時機時，仍要持續不斷聯繫你「失去」的潛在客戶，分享最新、最棒、能創造價值的構想。

你務必要長期進行追蹤，持續爭取客戶的業務，這麼做，不過就是為了讓對方終有一天會認識你；就算離這一天還很遙遠，也一步一腳印。我認識某些在開發銷售機會時從不留言的業務，這表示，當他們終於聯繫上潛在客戶時，對方會是第一次聽到這位業務的姓名與聲音。對客戶來說，這樣的業務完全是陌生人，而不會被視為以專業態度堅持下去的價值創造者。因此，你要留言，但長話短說，讓你的潛在客戶可以聽完。要確認他知道你在爭取他。

列出所有你能採取的行動，以及手上有的、可以支持你用專業態度堅持下去的工具。在行事曆上安排執行相關行動的時間表，並且確實落實這份清單，只有在審視行動結果、得到回饋以及進行調整時才暫停。

▍永遠不會結束！

堅持不懈意味著當你聽到「不」的時候仍繼續爭取

機會。美國經典品牌富勒毛刷公司（Fuller Brush）最後一位挨家挨戶推銷的業務諾曼・霍爾（Norman Hall）說，業務員的人生是「充滿著拒絕的汪洋」，而堅持不懈能讓你在這片汪洋中悠遊自在。持續拜訪致電，有必要的話你得執行好幾年，就算看不出來是否有機會把潛在客戶轉化為實質客戶，也不要放棄培養關係。這絕對是一條通往成功的路。千萬不要放棄！

即刻行動！

在這裡，我們必須先回顧過往，然後繼續前進。建立一份清單，列出過去十二個月輸掉的案子。這些潛在客戶中，你目前還在追蹤爭取的有多少？如果你和大多數人一樣，答案就會是「沒多少」。但如果這些潛在客戶值得爭取，那麼，就值得現在去爭取。重新啟動開發機會，著手去做該做的事，聯絡每一位潛在客戶重新搭上線，分享新的創造價值構想或安排會面。這些潛在客戶當中已經有某些人對於之前選擇的夥伴（你的競爭對手）感到不滿了。他們正在等你。

推薦書單

- 丹尼爾・品克，《未來在等待的銷售人才》，大塊文化出版。
- Waldschmidt, Dan. *EDGY Conversations: How Ordinary People Can Achieve Outrageous Success*. South Jordan, UT: Next Century Publishing, 2014

第八章

溝通
有效地傳達訊息

信任是一種關係，始於傾聽。那不是數據導向、分析性質的傾聽，這種傾聽，是向客戶保證「你懂他們，而且他們很重要」。

——《以信任爲本的銷售》（*Trust-Based Selling*）作者
查爾斯．葛林（Charles H. Green）

　　這是一則真實故事，有一位業務真的對潛在客戶說：「我必須要用這種條件達成交易，因為這樣我才能賺到最多佣金。」

　　我們把這種話稱為「佣金口臭」，這是一種危險的口臭，會讓客戶當場變臉，也讓你付出無法成交的代價。前述這位業務自認要傳達的是他的意圖很單純，但他發出的訊息剛好相反；或者，就像英國文學家蕭伯納（George Bernard Shaw）說的「溝通最大的問題，就是誤以為已經溝通過了。」（The single biggest problem in communication is the illusion that it has taken place.）

▌溝通不只是傳達訊息

很多業務相信，要成為好的溝通者意味著口齒便給，並能有說服力地傳達自己的想法。換言之，他們認為良好的表達技巧就等於是良好的溝通。能演說、表達與說服，就能傳遞資訊，但是，以每一次業務銷售中發生的溝通來說，資訊只是其中一部分，而且是最微不足道的那一部分。比較重要的，是要傳達你關心客戶，並對於解決他們的問題很在乎。

這裡的關鍵詞是「傳達」。你可以把「我很關心」不斷掛在嘴上，但是話說出來就消失得無影無蹤。你傳達的想法，需要展現你正在傾聽潛在客戶的想要與需要，而且你也牢牢記在心裡。傳達資訊的最佳方式是什麼？仔細傾聽對方要說的每一個字，並適當地回應。

業務通常相信，溝通的重點就是要推銷自己的想法。他們的操作方式，是把溝通視為單向的流動，從他們流向潛在客戶或現有客戶，而且所有的重點唯有銷售。對他們來說，溝通比較像是擴音器，而不是電話。但是，光是單向發送「買我的東西」的資訊，無法轉化成有效的銷售，事實上，剛好相反；這種溝通會摧毀你的推銷能力。不斷吐出資訊或喋喋不休拿出看不完的規格、特色與優點列表的業務，是會說話、會走路的網站，沒有

人想和這種人做生意。

　　良好的溝通來自良好的傾聽；這是關心的延伸，有助於業務銷售。第一章提過的管理學大師柯維說得好，他說：「先設法理解，之後才是試著被理解。」如果你想順暢溝通，很重要的是，你的順序要對。

▌傾聽客戶的心聲

　　你有沒有注意過，當潛在客戶在說話時，你的心思已經跑在前面了？你腦海裡的聲音有時候是不是比客戶還大聲？我很難告訴你這種事有多常發生在我身上。我必須比老僧入定更用力安頓我的心思，才能專心聆聽，而不去先想答案（或者，我得努力避免做出更糟糕的事，不要等不及搶著分享自己的觀點，在對方還沒講完之前就插嘴）。我到現在仍然不見得每次都能輕鬆控制自己，但我已經發現，透過傾聽對方而不是傾聽自己，我能學到的更多。因為，說到底，我早就知道我怎麼想，而且你也早知道你怎麼想。

　　要能有效銷售，你就要做到有效傾聽。傾聽客戶用來描述自身狀況、面臨的挑戰與機會的用語，而且，還要仔細聽出他沒說出口的言外之意。你有沒有聽過潛在客戶說「我們算是很滿意」，但語調卻有氣無力？他說

的話和他的語調彼此不搭，這當中就透露出你真正需要知道的事。當你認真聽，就會察覺到這類不一致之處，以及其他的線索。傾聽時，目標是要理解客戶的感受、不滿、希望、夢想與恐懼。這大有助益，可以幫你挑出最有效的推銷方法。

如果你聚焦在腦子裡的聲音，不斷地審閱資訊以及你接下來要倒給客戶的論點，自然而然，你就無法傾聽客戶。你要聆聽，才能理解。只有等到聽完之後，你才應該去思考自己要說什麼。請記住：無論你有多麼舌粲蓮花，先傾聽，將能讓你的溝通能力更強大。或者，就像史密斯飛船（Aerosmith）樂團的偉大主唱史蒂芬·泰勒（Steven Tyler）唱過的：「就以狗來說吧／牠有這麼多朋友的理由／是因為牠搖尾巴而不是嚼舌根。」（Like the reason a dog / Has so many friends / He wags his tail instead of his tongue.）

▎提出好問題

好，且讓我們假設你已經帶著專注和興趣去傾聽，現在該輪到你說話了。你要說什麼？你應不應該推銷？或許不該。

業務最重要的工具，是一套可以對客戶提出的好問

題，並搭配想要完全了解對方需求的意圖，認真聽他們的答案。（沒錯，又是傾聽！）提出強而有力的問題，可以證明你的商業思維以及你對情境的理解。好問題可以讓你有別於競爭對手，讓你晉身成主題專家、受人信賴的顧問以及具有諮詢功能的業務。他們會認為你是真的有興趣，並幫助你收集必要資訊。當你聽到理想客戶說：「這是個好問題」時，你就知道你做到了。

光是暢談自家的產品或方案，你不會從中了解客戶的需求，也無法知道客戶的喜好或決策流程。最有效的溝通是對話：你提出切題、考慮周延的問題，然後仔細傾聽，以便真正理解。只有在你展現出自己確實了解客戶的情境、感受與偏好之後，才能以有效的方式提出你的構想與解決方案，以此作為延續對話的一部分。

▌何時該推銷？

你可能躍躍欲試要暢談自家產品或服務的特色、要搬演你的劇本，以及用其他各種方式推銷、推銷、推銷。

但是請自制。你要先等一下，先傳達出你有意了解客戶的情況、需求與感受，並利用傾聽與提問建立起信任。之後，你可以提出資訊與想法，證明為何你的解決方案對潛在客戶或客戶來說最理想，把你的提案回頭連

接到對方回答你的問題時和你分享的內容。

　　基本原則是這樣的：在業務銷售循環早期，你對於自己、產品或解決方案所提出的任何說法，都應該僅回應客戶的問題。如果不是這樣，你放出的訊息就是，你比較在意銷售，勝過協助客戶達成他們想要的成果。

　　所以說，不要不停地自顧自講、講、講。反之，要投入對話，確定你所有的回應都和客戶的需求息息相關。

▎選用客戶偏好的媒介

　　銷售就像生活，最重要的對話都應該面對面進行。因為傳達「你在乎」是非常重要的一件事，沒有什麼比親自到場更能證明這一點了。當事情出錯時，你出現在現場，就等於是說：「我來幫忙，因為我在乎。」

　　如果無法親自會面，也應該透過電話進行這些重要的對話。當你靠著電子郵件說明困難的處境，相當於你在對客戶說你很害怕和他對話，或者是，你不像他這麼看重這個問題。

　　雖然使用的媒介應搭配訊息的重要性，但說到底，你最後要選用的必須是客戶偏好的溝通方法。舉例來說，我很愛用電話，但我有位客戶是大公司的執行長，他喜歡文字簡訊。我打電話很難找到他，但他會馬上回覆簡

訊。當我問他為何偏愛使用文字簡訊時，他說他沒想過。之後我問他家裡是不是有青少年，他說有兩個。是孩子教他使用簡訊？他笑了，並回答是的，還說如果他不用簡訊的話，就完全沒辦法跟孩子們溝通。他很快就愛上簡訊，因為他需要的溝通方式是直指重點。

溝通不只是發送訊息而已。你需要針對訊息後續引發的結果來搭配適當的媒介。原則上應該由客戶決定使用哪種媒介，然而，關於這一點，我們必須謹慎。有些客戶偏好的溝通方式無法用於對話。比方說，他們可能喜歡使用電子郵件，因為他們並不是真心想討論讓人不安的議題；在這種時候，面對面的溝通比較適合，也更有助於改善最終的結果。你要仔細評估，選用必要的訊息與媒介，以達成最有效的溝通。

▎有效溝通三要素

我在銷售領域有一位出色的心靈導師，他僅寥寥數語就能贏得案子，比我們相處時更言簡意賅。如果有項有效的指標是以說相同數量的話所產生的成交數量為比值，我想他一定是全世界最有效率的業務。

他是一名會提問的高明聆聽者，安靜地坐著傾聽客戶的回答，靜待對方說完，才提出更多問題鼓勵對方再

多說一點。他會讓客戶一吐為快,然後提出更多問題以便釐清。終於獲得所有必要的資訊後,他會簡潔地摘要出幾項重點,以確定他的理解正確。只有到了這個時候,他才會解釋自己的服務要如何滿足客戶的需求。他從來不對客戶「推銷」;他只是處理對方的疑慮。他說話時總是簡單簡短,而且他永遠都說實話,就算這麼做會有風險時仍直言不諱。

我這位明師歸納出有效溝通的三要素,說明如下:

- **好奇心**:出色的溝通者生性好奇,他們提問是因為真心渴望知道事實。他們比較有興趣踏上理解之路,而不是推銷自己的想法。

- **興趣**:有效溝通的基礎,是真正對他人感興趣,而興趣來自於關心。(你可能想要回過頭去重讀第三章;關心就是這麼重要。)最好的業務會讓客戶很容易就跟他們做生意,因為這些人傳達的是他們真的對客戶很感興趣。

- **坦率**:顧客想要的是誠實的業務,一個讓他們可以信任的人。他們需要聽到未經掩飾的事實,說明未來的挑戰和成本。你應該把全部的訊息都告知顧客,壓住資訊就是不誠實。公開相關的好處、壞處、成本和承諾(時間、訓練等等),能確保

客戶對於你的解決方案感到安心，而且知道你把他們的目標看得比自己的目標更重要。

▍如何增進溝通能力

如果你充滿著好奇、興趣與坦率，很可能你已經是有效的溝通者了。你會自動傳達出你的顧慮以及協助客戶的渴望，帶著專注與關心傾聽，提出適當的問題，並克制自己不要急著「推銷」。你要提供的資訊與建議會自然而然出現，變成你和客戶或潛在客戶間對話的一部分。

如果你並非天生就是有效溝通者，有幾種方法可以增進你未來的溝通技巧。當你多加練習並謹記在心之後，很可能會發現自己對於客戶及潛在客戶更好奇、更有興趣，而且更願意去做必要的事以解決他們的問題。

一、練習成為出色的傾聽者

首先，把你想開口說話的衝動置之腦後。在你提問之後，請以想理解對方的強烈渴望傾聽答案。完全聚焦在客戶以及他所說的話上面，不要盤算著你之後要說什麼來回答。我發現，客戶說完後安靜地等上四拍，通常可以激勵對方多說一些。之後他講出來的話，通常非常

重要，也會透露出很多訊息。客戶可能會這樣說：「我們真的很想增進這裡的生產量……（一拍，兩拍，三拍，四拍）……，我猜想我們這個部門的主管可能有領導上的問題。」啊哈！最後的資訊非常寶貴。

其次，在你回應之前，敦促客戶多提供一些資訊。請對方釐清並解釋他的話是什麼意思，讓你更深入理解。不要只是重複你聽到的話；鸚鵡學舌複述每一句話很討人厭。反之，你要這樣說：「如果可以的話，請多談一點部門主管的事。」

最後，學會寫下簡明扼要的筆記，並且做到每一次客戶開口時你都能看著他的眼睛，同時還可用百分之百的準確度收集到所有必要資訊。我試著寫下有助於討論的主要重點關鍵字。通常三到四個詞就夠了，另外，我會用驚嘆號提醒自己想要回應的一些事。輪到你回應時，請先摘要之前聽到的訊息，然後再提出自己的說法。你的摘要會發送出一個訊息，指向客戶說的話很重要，同時也給他重新定義問題與目標的機會。

記下重點非常重要。若你不寫筆記，就不算真正在傾聽。你可能會聽到一些詞，甚至也會專注，但在此同時你也發送出一個強烈的訊息：這裡沒有任何重要到值得記下來、日後可能拿來參考的事。

二、易地而處

　　當你想像自己身處對方的立場，並試著從他的角度看整個情境時，你自然會更好奇、更感興趣，這是出色的溝通三要素的其中兩個。你會真心想要更了解對方的運作方式、他的成功點和失敗處在哪裡，以及他所面對的挑戰，凡此種種，當你這麼做的時候，自然而然就成為更有效的溝通者。

　　當你和對方易地而處時，請以筆記寫下他們喜歡的用詞，以及對他們來說可能別具意義的詞彙。他們的語言可以幫助你了解他們的世界觀，並為你提供洞見，讓你透析什麼是他們認為重要的事情以及理由為何。他們的用字遣詞有其意義，因此，請在你的對話、簡報以及提案中多加利用。

　　如果客戶說：「對我們來說，這絕對是最具策略意義的挑戰。」你或許可以說：「為了幫助你因應最具策略意義的挑戰……」如果他們說：「難看的生產量數字害慘我們了。」你或許可以說：「我了解你們面對的生產量挑戰正在損害你們的生產力。」

　　透過使用他們的語言來解釋你的想法，能證明你懂他們的觀點、也踏入他們的世界，至少某種程度上如此。

　　請自問：「我們真正溝通了哪些事？」以及「我有沒有正確掌握到？」

三、熟練提出好問題的藝術

透過一套出色的問題，你更能讓理想客戶感到佩服並影響他們，力道超過你提出的任何說法。那麼，你要如何才能提出好問題呢？請先從自問以下這些問題開始：

- 關於客戶的業務，你需要了解什麼？關於他們所屬的產業呢？他們的希望與需求呢？請列出你能問的問題，以找出答案。

- 關於他們面對的挑戰，你需要了解什麼？他們是否對於自己目前的處境感到不滿？若是，理由何在？哪些因素能推動他們有所改變？

- 哪些因素造成阻礙，讓他們得不到必要的成果？他們目前如何因應這些挑戰？他們的團隊中還有誰可以幫忙克服這些障礙？你或許可以問客戶：「過去有哪些因素造成妨礙，讓你無法改善成果？」

好問題幫助你揭曉客戶的決策標準，以及他們的不滿來自何處，也幫助你取得必要資訊，替自己的解決方案找到理想定位。更重要的是，提出敏銳的問題可以刺激客戶分析他們的問題（以及如何解決這些問題），也可激勵他們和你一起向前行，做出決定。

四、寫下對話劇本，然後彩排演練

你是否曾經在相當重要的對談中說出非常愚蠢的話，蠢到你都不敢相信這種話居然會從自己的嘴裡冒出來？你是否曾經恨不得把剛剛說出口的話收回來？請事先規劃你要說的話，藉此避免類似的經驗，並盡可能以最有效的方式傳達你的訊息。

我已經聽到你在喃喃抱怨，說劇本扼殺了你的創意，你需要能敏捷思考。我建議你雙管齊下：書寫、排演並利用劇本，同時敏捷思考。不論你準備得多周全，在任何和客戶的互動當中，應該要預期會看到至少一次的變化球。請記住，規劃與即興發揮並非互斥。利用劇本的意思，不是讓你聽起來好像在背劇本一樣。

先針對與最重要的客戶互動開始規劃對話。一字一句寫下每一個你必須提出的問題以及說法，請善用你最出色的語言。強而有力的語言能促成強而有力的溝通。舉例來說，下列是幾個我曾在工作上提過的問題：

- 「我能否和你分享一些想法？」
- 「我能否請你和我一起合作，為我們打造的解決方案同心努力？」
- 「我覺得我們做的已經夠多了，可以從這裡繼續向前邁進了。我們可不可以繼續下去、用合約作

為起點？還是說，你還需要某些資訊，才有百分之百的信心向前邁進？」

■ 「你預想中的適當解決方案是什麼？」

■ 「如果我們真的想要促成這件事，團隊裡還需要加入別的成員嗎？」

請撰寫劇本，寫下你在發掘推銷機會期間拜訪客戶與簡報時、以及處理銷售常見問題時所要提的問題。提出你在回應最常遭到拒絕時所要問的問題。然後，寫下你要舉出的範例，證明你有能力克服這些拒絕背後的障礙。

如果你在銷售這一行已經待過一段時間，其實就已經用過劇本了，只是你可能並未意識到。你有沒有發現，當你要展開對話或是表達特定解決方案的益處時，會重複很多同樣的話？這就是劇本，只是你可能不曾真正動手寫下來。

我在銷售這一行經營多年，但是，我每一次要進行重要對話時，還是會完整寫下劇本並演練，以確保我的溝通很明確，不會結結巴巴或失態出醜。用這種方法事先規劃，也有助於消除不討喜的語言：這是指任何聽來會讓人覺得批判、遲鈍或築起防衛高牆的語言。花點時間，在你說話時先想一想所有的遣詞用字，以及這些選擇如何讓你變成更好的溝通者。

選擇能成功的溝通方式

你一定曾經碰過許多不願傾聽你說話、只是想賣東西給你的業務。你努力想分享你的需求，但對方不可能會聽你說，因為他們忙著傳遞自己的訊息。這是很讓人沮喪的經驗，而且你可能等不及要將這些人送出門。

但是你也肯定曾經和願意傾聽你說話、提出好的問題、而且不會一波接一波推銷的業務往來過。你覺得對方很關心你，希望替你爭取到最好的條件。這樣的交易讓人愉快，甚至讓人樂在其中，對方離開時你的感覺比之前更棒，因為你贏了。

我想請問你：你想成為哪一種業務？

即刻行動！

下一次進行業務拜訪時，請練習在潛在客戶不再說話之後停頓四拍。等待的時間要夠長，讓和你會面的人重新再打開話匣子（前提是如果他們想要）。靜默可能會讓你感到不安，但是請堅持並等待。當你比較習慣之後，變成先停五拍或六拍再開始說話。藉由沉默，你讓和你對話的人有空間完成他們的想法。這個練習可以不限於公事。

推薦書單

- 馬克·葛斯登,《先傾聽就能說服任何人:贏得認同、化敵為友,想打動誰就打動誰》,李茲文化出版。
- 丹尼爾·康納曼,《快思慢想》,天下文化出版。
- 凱瑞·派特森、喬瑟夫·葛瑞尼、朗恩·麥米倫、艾爾·史威茨勒,《開口就說對話:如何在利害攸關、意見相左或情緒失控的關鍵時刻話險為夷?》,美商麥格羅·希爾出版。

第九章

負責
盡力完成許下的承諾

負責的終極定義，是晚上睡覺時你心安理得，知道自己用正直誠信過完了這一天。沒有人能從你這裡把這些奪走。

—— 查特賀姆斯國際公司（Chet Holmes International）
執行長亞曼達・賀姆斯（Amanda Holmes）

請完成這個句子：「我賣的是_____。」

如果你的答案不是「成果」，那就代表你答錯了。如果回答的是你的產品、服務或解決方案，那就差太遠了，這類答案很可能毀掉你的成功銷售能力。

業務、行銷領域有一句老話，原創者是行銷大師西奧多・李維特（Theodore Levitt），他說：「消費者不想買 1/4 英寸的電鑽，他們想要的是打個 1/4 英寸的洞。」換言之，顧客有興趣的是結果，而你賣給他們的東西，實際上只是獲得結果的手段。請這樣想：如果你的顧客不用電鑽就打出一個 1/4 英寸的洞，也會很高興。

過去，業務對客戶推銷、接單然後收錢，就這樣。客戶買走的產品能不能用是客戶的事；業務早就已經繼續尋找下一個機會了。如今，想要在銷售界有所成就，你需要付出更多，因為身為業務的你，是價值提案當中的絕大部分。你的客戶買下的不只是成果，他們也買了你創造成果的能力。這表示你必須把成果當成你的分內事，而不只光顧著推銷。

　　把成果當成分內事，意味著你接下打洞的責任，而不是只想賣電鑽。你要賣給客戶的，是讓他們能提升表現的成果。如果做不到，那你就讓客戶失望了。就算你交付產品、落實方案或執行推銷出去的服務，也不代表工作就結束了；為了達到成果所必要的行動你都要去做，就算合約早已歸檔亦然。

　　在複雜的B2B（企業對企業）銷售情境下，要得到成果並不容易。因此，你必須和你自己的團隊以及客戶的團隊密切配合，以確保推銷出去的成果。你必須持續在場，直挺挺地站在戰壕裡，和客戶肩並肩。情況變得最棘手時你一定要在，讓客戶感受到你的存在，並善用所有技能，確保創造出你承諾過的成果。

　　當你完成推銷的真正內容、亦即成功的成果時，你就累積出好名聲，成為一個能履行承諾的人。

▍出問題就要及時處理

你有過這類經驗嗎？你準確找出客戶的需求，很清楚知道該如何協助他們，也和他們密切合作，設計出正確的解決方案。但不知如何，你的解決方案四分五裂。問題不在於你，但你還是要為成果負責。

我在派遣人力這一行經歷過這種事好幾十次。感覺上有點像是我和客戶合作愈密切，發展出最佳的解決方案，對準他最嚴重、最具策略意義的問題，整件事就愈可能在執行的第一天隨即觸礁。可能發生的問題如下：雖然受聘的員工都已經為相關工作做了十足的準備，當天卻不克出席；或者，我們裝好的精密計時系統，就在要發薪水之前故障了。但這些問題從來不會終結掉我們與客戶的關係，因為我都會和我的團隊到場，化解問題。

我用很痛苦的方式了解到一件事，那就是永遠都會出現很陡峭的學習曲線，讓你一夕頓悟。我甚至開始和潛在客戶開起玩笑，笑說我們得試個三、四次才能把事情做對。許多人的反應是：「我們的經驗是，如果在第三次或第四次之前就把事情做好，那就是老天保佑了。」我的玩笑是痛苦的坦白，但客戶認同我能知道問題發生的可能性，而且他們相信我一定會負責。

你不完美，也不需要完美，但是必須做好準備，面

對推銷複雜的企業成果時所涉及的重大挑戰。你的客戶可能會對「你的」失敗感到憤怒、不滿或沮喪，這無可避免。當子彈開始掃射時，你的回應方式就塑造出雙方未來的關係，並決定你能不能留下這些客戶。

問題懸而未決的時間拖得愈久，客戶就愈不滿，而且，我要再說一次，當初讓你有機會和他們合作的緣由，也是起於這樣的不滿。如果你不迅速直接因應問題，一定會被取而代之，就像你取代先前的業務一樣。

如果你的問題在於你的團隊，如果要落實你推銷出去的內容很辛苦，那麼，你就必須挺身而出，提供協助並展現領導精神。你愈早領悟到團隊需要協助，就愈容易防微杜漸，不讓小挑戰變成扼殺成果的大怪物。

無論問題是怎麼發生的，及早斬除就對了。在這件事上，時間可不是跟你同一國的。

▌不用事必躬親

你必須把推銷出去的成果當成分內事，但這並不表示構成這些成果當中的每一項任務都是你要做的事。你必須確保特定任務所涉及的人，都了解自己要扮演什麼角色，能夠及時創造出雙方都認可的結果，並保持聯絡繼續追蹤客戶。而且，你不能因為什麼事都要做而動彈

不得。如果你陷入這種情境，就無法推銷。如果你無法推銷，就會害得自己的團隊、公司、未來的客戶和你落入失敗的命運。

舉例來說，假設客戶打電話找你，因為系統裡掉了或缺了一張訂單記錄，他需要你的團隊幫忙追回來。因為推銷的人是你，你決定必須親自幫他們。你花了幾個小時追蹤訂單，之後你回電給對方，並給他一份現狀報告。你的目標是證明你關心而且願意負責，但此舉占走了你真正該承擔責任的時間。實際上你需要做的，是把實作的任務放手給你的團隊。

你不該自己去追回漏失的訂單，反之，你該打電話給團隊裡該負責的人，告訴他出了問題，並為他提供所有必要的資訊。你要對他說，客戶等著他回電，並要他定期向你報告最新狀況。如果他表示有在關心這件事，那麼，你就可以和客戶一起追蹤進度，確認問題圓滿解決。如果問題持續或再度浮出檯面，就要讓客戶知道你要用到哪些額外的資訊，才能做到永久性的修復。

要堅持把成果當成分內事，但是不要每一次都親自去做事。要滿足客戶與公司，最好的方法就是妥善管理成果，並把事情留給你請來處理問題的人員。

▌保持好成績

有另外一件事也是你的責任：當事情順利進行，務必確認客戶知道這件事。如果你這麼做，出現問題時會助你一臂之力，等到要更新合約時也一樣有幫助。

客戶一定會讓你知道有哪些事情不那麼順暢。你或許把事情做到 98.9%，但當你們雙方一起坐下來審查成果時，他們會聚焦在那 1.1% 出錯的部分。要應付這 1.1% 的問題，最好的辦法是保持好成績。如果你已經用更高的標準來自我要求，就不會有人要你為失敗的結果負責。當你給自己訂的標準高於任何人，永遠都能跨過別人的門檻。

和客戶碰面時，請報告進度，並展現你掌握和績效有關的事實。事前主動找出任何特出的問題，並針對每個問題提出一套行動方案，從而證明你在維護自己的好成績。如果客戶看到你主動這麼做，就比較不可能要你負責。

但是有功也要領賞，別忘了讓事情得以順利你應得的功勞。如果你的成績單上寫了你的成功率是 98.9%，請記錄你為了創造出這番成績所做的工作（多半是團隊成員動手的工作）應得的功勞。你的收入和你創造眾人樂見的成果的能力成正比，成果愈佳，收入愈高。正因如

此，擔起責任讓事情得以順利，和擔負起事情不順利的責任，同樣都是專業的表現。

▌為結果負起責任的方法

如果你負起責任、創造出絕佳的成果，在客戶眼中的你便截然不同，從單純的業務搖身一變成為創造價值、備受信賴的顧問。遵循以下四步驟並將成果當成自己的分內事，你就能成為具策略意義的夥伴，是客戶團隊中的關鍵人物。

一、推銷成果，而不是產品或解決方案

要知道你推銷的已經不再是產品或解決方案了；如今你推銷的是成果，具體的形式是加速提升表現與強化企業成效。要理解這番轉變並不難，難的是要負起責任並據此行動。

你不光是要確認產品及時送達、解決方案如預期運作，更要確認客戶能得到你承諾過的成果，解決方案確實能創造出大家都想看到的結果：提升獲利能力、降低成本、強化競爭力或其他結果。

請檢視手邊目前正在做的案子。你實際上推銷的是什麼？客戶實際上買的又是什麼？你完成銷售案之後，

他們的業務將有何轉變？你如何能確定轉變一定會發生？要回答這些問題並不容易。要確認你推銷出去的成果是否真正落實是很困難的事，需要用到目前為止所學的一切。

二、確認、確認、再確認

你售出的成果是否真正落實？具體的成果內容是什麼？請確認你售出的標的確實發揮功效，才能回答上述兩個問題。請打個電話給客戶，確認你賣的東西能用。請到場訪視，和實際使用產品或服務的人核對看看。就算情況很順利，也要回過頭查核一下，確認一切都沒改變。

有太多事可能在短時間內出錯。早期可能成效卓著，但隨後就讓人失望。無論如何，你都不能消失。

確認成果已經達成，藉此妥善管理結果。如果並未達成你承諾過的成果，那麼，請確認你落實並執行必要的變動。

確認、確認、再確認。

三、為成果負責

不管貴公司的組織圖是怎麼樣，也不管專案執行計畫中如何劃分職責，你都要為推銷出去的東西擔負最終的責任。如果你不相信我，問問客戶他們認為該負責任

的人是誰，你就明白了。或者，更精準切中要點的問法是，你可以問問他們認為事情出錯時誰該負責。

當你擔下責任，便給了自己行動的力量，而不是被動等著因應其他人的行動。承擔責任讓你成為實際上的領導者，傳遞出的訊息是：「我非常在乎客戶能否得到正確的成果，勝過其他一切。」

你要成功，就必須為推銷出去的成果負起責任。如果成果不符期待，就必須採行必要的行動以做出改變。這是你的分內事。

四、尋求協助！

請檢視你正在執行的案子。有哪些問題、挑戰與阻礙可能妨礙客戶得到你推銷給他們的成果？

你不能光靠自己就解決所有問題，人無法獨自苦撐。你的團隊以及客戶團隊裡有人可以、也應該幫助你。要做到機智，有一部分是要記住你有資源：你有人幫忙。

請自問下列問題：你需要哪些人才能修正情況？哪些人具備這方面的專業？哪些人擁有必要的政治資本？哪些人有預算？哪些人有權威可以做出變革？客戶團隊裡有哪些人可助你一臂之力？

然後再開始推動解決方案。不要讓小問題日後變成大麻煩。

說到就要做到

你若無法快速處理客戶的問題，就等於透露出兩種訊息：你沒那麼在乎，不太想確認他們是否真的得到你推銷時承諾過的價值；以及，你不知道（或是沒有必要的方法）去修正錯誤。不管是哪一種，都有損你的聲譽，導致人們傳你的壞話，讓你流失客戶。

一旦你發現有問題，馬上聯絡客戶並約客戶見面，以完全掌握情況。接下來，召集你的團隊與客戶的團隊，一起找到快速改善的方法。你可能需要動用額外的資源，例如公司管理階層的成員，甚至向外求援。你可能需要針對所推銷的內容做點改變。但你必須主導整件事，以利創造出可接受的成果。你推銷的是成果，而且要保證一定能實現。現在，你要把這當成自己的分內事。

透過修正問題，你展現了非常在乎客戶的態度，也有能力履行自己的承諾，而且你有決心使命必達，這些都是讓客戶對你忠心耿耿的絕佳理由。

再來一次

我要再問一次：你推銷的是什麼？你推銷的是成果。而且，你要讓這個成果實現。

即刻行動！

目前你手邊就有一家被你晾在一旁的客戶。你賣東西給他們，交貨後就繼續做別的事。你從沒打電話去問問客戶，看看你賣給他們的東西好不好用，你也不知道這些東西是否創造出承諾過的成果。請打個電話給這位客戶（也可能有好幾家），追蹤一下，確認他們買的東西、花的錢都創造出了成果。如果沒有，請卯足全力確定他們能得到好結果。

推薦書單

- 賴利‧包熙迪，瑞姆‧夏藍，《執行力：沒有執行力‧哪有競爭力》，天下文化出版。
- 約翰‧米勒，《QBQ！問題背後的問題》，遠流出版。

第十章

掌握九種心態
創造影響力

操弄之於影響力，一如電之於水。

　　——《無所畏就能成交》（*Be Bold and Win the Sale*）作者

　　傑夫·薛爾（Jeff Shore）

　　我母親獨自撫養四個兒女。她很幸運，因為她有個絕佳的典範：她的母親獨力撫養五個孩子。我母親過去是、現在是、未來也永遠是我生命中最強的那一股影響力，在我認識的人當中，沒有人比她更言行一致；她表裡如一，說到做到。她或許不是你想到業務時會想到的典型人物，但是，身為一位只賺取微薄佣金養兒育女的人力招募人員，她以堅定的意志要求自己不斷地打電話，日復一日。隨著時間過去，她也信心大增。如今，她的客戶愛她，員工同樣也愛她。她是偉大的業務，因為她深富影響力。

　　她的影響力當中沒有任何戰術的成分，展現的是純

然的品格。她教會我的一切，都深深烙印在我身上（但我偶爾還是需要一些提醒）。但願我能更早一點了解到這件事，這樣我們兩個的人生都會輕鬆一點。

一般人對業務（或是工作內容以影響他人維生者）的刻板概念是：滔滔不絕、互相吹捧、滿臉假笑的騙子。但如今，要有影響力，關鍵更繫於良好、穩定的品格。想一想那些對你的生命施展過極正面影響力的人。他們可能比較像是加州大學洛杉磯分校棕熊籃球校隊（UCLA Bruins）的傳奇教練約翰‧伍登（John Wooden），而不太像馬戲團大王巴努姆（P. T. Barnum）。他們多數都很安靜、聚焦且值得信賴。透過採行本書所闡述的行事準則，你可以成為這種人。

▍構成影響力的因素

造就出銷售成就的各個因素，之間彼此會緊密相連：某項因素是以另一項為基礎，而且會互相強化。加在一起，就創造出一股強大的能力，可以影響他人。

影響力是一種能力，可以說服他人採取行動、用不同的方式行事或者相信某些事。我所說的這種影響力不會出於算計，而是來自於你的本我核心。影響力出自於成為值得讓他人傾聽與跟隨的人。

這種影響力源於下列四項基本要素：

- **品格**：人們會跟從有品格的人。品格是一種內在的力量，也是建立信任的基礎。品格反映的是更高層次的價值觀、使命、目的與信念組合。
- **一致**：身為表裡如一的人，你要言行一致。你所說和所做的一切，都要完全契合你的品格。你口中所說的自己與你這個人的本質之間，毫無落差。
- **信心**：有信心，是指要對自己非常確定。你有能力創造價值，而且你很清楚這一點。你的客戶和理想客戶亦然。
- **親切**：親切對信任來說很重要。別人會信任你、向你買東西，是因為他們喜歡你。某些業務很有能力創造價值，但如果他們不親切、不太容易和人做生意，就不可能有影響力。

我曾經有一位客戶徵求全國性的服務建議書，這幾乎意味著我必定會失去這家客戶；當時我們往來的生意高達好幾百萬美元。每一家大企業都受邀參與投標。

我是最後一個做簡報的人。我單槍匹馬出征，其他競爭對手則是都帶上一支團隊過來。我沒有承諾服務建議書中載明的任何要求，我是指新的要求，而不是我的

公司當時為客戶提供的服務。

客戶公司這邊派出 11 個人圍坐在大會議桌旁。他們問我，為何不答應這些要求，畢竟我的競爭對手都點頭了。

我告訴他們，要做到這些要求是不可能的事。我拿出雙方合作期間收集到的數據，讓他們知道目前的表現如何，以及為何倘若我接受要求，不可能做得更好，甚至連持平都難。

我做了一場專業簡報，認真掌握了事實，而且也說出事實，即便這 11 個人聽不高興我還是說了。我冒了險，我很清楚我讓這筆交易岌岌可危。但是，我對於自己為客戶創造價值的能力很有信心，做簡報時也努力殷勤相待，讓自己更親切。

結束簡報時，客戶的律師說：「這是坐在這張椅子上第一個誠實的人。」我說出事實、甘冒失去案子的風險，替我的品格背書，因而改寫了遊戲規則。

我表裡如一、實話實說。儘管忠言逆耳，儘管那不是客戶想要聽的話，也展現出信心和親切的態度。因此，我得以施展影響力。雖然最後這家公司仍選擇了全國性的服務供應商，但在我這一區裡，我是唯一能保有其業務的供應商。

▍影響力造就銷售成就

綜合來說，造就銷售成就的前九項要素能培養出影響力，因為這些要素幫助你養成影響力需要的自律、樂觀、關心以及其他特質。任何花招或戰術都無法取代這些要素，沒有捷徑可抄。心態要素是地基，在這之上，才能累積出長期的銷售成就實績。正因如此，心態要素才會優先於技巧要素。

就讓我們來看看各個心態要素與影響力之間的連結：

- **自律**：自律是基礎，支撐起你想在銷售上達到成就所需要的所有特質與技能。無能或不願履行對自己許下的承諾的人，無法影響別人。要影響他人，始於履行對自己的承諾。

- **樂觀**：你的樂觀讓你得以說服他人，未來不是可能更美好，而是一定如此。樂觀讓你能創造出正面的願景。你若是悲觀的人，就無法影響他人；沒有人會跟隨著認定不可能成功的人。大家都會跟著相信一定會成功的人走。

- **關心**：當對方知道你關心他們時，會讓他們留下深刻印象。同樣地，面對顯然不在乎他們的人，他們就沒有印象，也不會受影響。你愈是以自我

為中心，就愈不關心別人。反之，你愈關心他人，你的影響力就愈大。

■ **求勝心**：成為強大的競爭對手，透過把你燃起的求勝渴望，轉化成你協助他人達成正面成果的能力，你能創造影響力。對於求勝不感興趣的人無法對任何人造成任何正面的影響。

■ **機智**：有創意、富想像力，再加上擁有可以解決問題與打造解決方案的資源網絡，會讓你別具影響力。當你創造出正面成果，找到一條過去沒有人走通的路，便會深具影響力。

■ **積極主動**：藉著採取積極主動的做法，你能影響他人。坐而言不如起而行。積極主動的反面是無動於衷，這會摧毀你影響他人的能力。志得意滿無法影響任何人。

■ **堅持**：你永不氣餒的精神、堅持下去的決心和意志力，會讓他人敬佩。你的堅持會增添影響力，因為大家知道，當其他人都放手不做時，還有你可以依靠。

■ **溝通**：良好的溝通既有助於傳達你對其他人的關心、對他們感到好奇與興趣，也能讓大家知道你願意開誠布公與他們對話。請務必真正了解你的客戶，了解他們的世界、觀點、構想與價值觀，

會讓你更具影響力。

- 負責：只有當你關心客戶的銷售、採取所有必要行動，以確保他們得到付錢購買的成果（甚至更多益處）時，你才具有影響力。負責是展現關心的行動，關心孕育出信任，信任是影響力的基礎。

▎如何成為深具影響力的人

想要擁有影響力，只需要兩步驟，而且是簡單易懂的兩步驟。但是，要臻於完美需要幾個月、幾年、幾十年甚至一輩子，所以，你愈快開始行動愈好。

一、從造就銷售成就的九大心態著手

確實，常有人提到某些祕訣、花招、機巧或所謂的影響力祕訣，或許偶爾可以幫助你說服（或者迷惑）某些人，但是想要培養出造就銷售成就的那種影響力，不能抄捷徑。要建立起這種影響力，你必須成為值得他人傾聽與跟隨的人。

這種影響力是真正的影響力，重點在於你的本我核心，在於你的正直誠信，你的關心與樂觀等。這種影響力關乎掌握本書前半部所談的九大要素。

二、留下經過驗證的成果記錄

當你創下成功的記錄，就能強化影響力與說服他人的能力。過去你達到的成果，可以證明你具備協助他人達成目標必備的經驗與技能。

這不是說你必須完美或不能失敗。有時候，打開心扉談論失敗，比假裝完美更能說服客戶。但是你要確定當你在討論失敗時，也附帶檢視從中學到的教訓。這能讓你把失敗變成傷疤，證明你經過實戰的試煉，而且變得更明智了。

列出你的個人成就清單，寫下你做過、而且留下不可磨滅的經歷的事件。列出你的失敗以及失敗教會你的事。如果你之前沒有花時間解讀這些教訓，一直等到現在才開始做，以後你會感謝我。這是威力無窮的演練。

九大心態特質不僅是你要謹記於心、用於銷售簡報當中的技巧，更必須成為你這個人。這是指你要把這些特質都內化成自己的一部分，把這些當成基礎，支撐你在每一個情境下，面對所有現有客戶與潛在客戶時的所有想法與行動。或者，更進一步，把這些變成你日常的一環，是你的一大部分，執行起來連想都不用想。這些應出於你的內心最深處，自然而然且毫不費力用在他人身上。

沒有影響他人的能力，要追求銷售成就便是死路一

條。沒有正確的心態，也就找不到通往影響力的途徑。

即刻行動！

誰對你影響最大？誰的品格讓你義無反顧信任並跟隨他？
列出這些人是基於哪些特質、所以擁有真正的影響力，請寫
出五項。之後，判斷你需要培養哪些特質，並列出你可以採
取哪些行動，方能效法這些影響你的人。他們做了哪些你也
應該起而效尤的事？

推薦書單

- 戴爾・卡內基，《卡內基成功學經典：人性的弱點》，笛藤出版
  圖書。
- 羅伯特・席爾迪尼，《影響力：讓人乖乖聽話的說服術》，久石
  文化出版。
- Maxwell, John C., and Jim Dornan. *Becoming a Person of Influence: How to Positively Impact the Lives of Others*. Nashville, TN: T. Nelson, 1997.
- Shore, Jeff. *Be Bold and Win the Sale: Get out of Your Comfort Zone and Boost Your Performance*. New York: McGraw-Hill, 2014.

影響力是一種能力，可以說服他人採取行動、

用不同的方式行事或者相信某些事，

這出自於成為值得讓他人傾聽與跟隨的人。

2.

技巧

在銷售領域要有所成就，你需要知道如何達成特定成果；要達成這些成果需要某些技巧，少了任何一項，你的銷售就達不到應有的水準。

第二部一開始要談幾百年來業務都需要的基本技能：成交、開發客戶以及講故事（現在我們稱之為簡報）。這些技能不分時代，你需要證明自己在這每一方面都很能幹。

以這些基本因素為起點，之後我們要轉往創造挑戰性更高的成果與更高層次的技能。我們將會檢視診斷與談判，這兩項都是必要技能，在複雜的 B2B 銷售情境下尤其如此。

最後三項是新的業務技能，必須以第二部前半段提過的技能為基礎，但是層次更高。目前尚未普遍教授、輔導、訓練與培養這些技能，但應該要這麼做才對！我們將會先來看商業思維，這讓你有能力為理想客戶創造出真正的價值。變革幫助你提出變革管理的論據，並在潛在客戶的各相關人士之間營造出共識。而且，就算你或許沒有冠上可以證明你是正式領導者的職銜，也需要了解領導，以便培養出技能領導你的團隊（以及客戶的團隊）。

第二部的最後一章要討論差異化。當我們來到最終章時，你也將成為能為理想客戶開創不同局面的人，你將成為值得往來做生意的業務，你也將擁有必要的技能，以創造契機、贏得案子並為客戶創造成果。

第十一章

成交
取得客戶承諾

推銷不是你對他人做的事，而是你爲他人以及和他人一起做的
事。*

——安東尼·伊安納里諾

　　亞歷·鮑德溫（Alec Baldwin）在 1992 年的電影作
品《大亨遊戲》（*Glengarry Glen Ross*）裡的表現，讓人
難忘。他飾演的角色布萊克（Blake）是一名頂尖的業
務，被派去教導一群績效不彰的房地產業務，改善他們
的績效。布萊克反覆灌輸當代的銷售智慧：A——B——
C （always be closing，意爲：一定要成交）以及 A——
I——D——A（attention、interest、decision、action，意爲：
注意、興趣、決定、行動）。換言之，就是施壓、施壓、
再施壓，一定要成交！

---

* 你讀到很多和成交有關的資料實際上可能會對你有害，因此我必須搬出自
　己的話，讓你在正確的立足點上起步。

然而，電影上映當時，真實世界的狀況已經開始改變。1988 年，尼爾‧瑞克門（Neil Rackham）的《銷售巨人：教你如何接到大訂單》（*SPIN Selling*），檢視成交手法與銷售之間的關係，他的結論很有趣。你愈努力去做些什麼以利成交，確實可以帶來更多案子，但是，這樣的關係僅在價格與風險皆相對低的前提下才成立。瑞克門的研究顯示，規模更大的銷售案，相反的狀況才成立：隨著價格與風險提高，侵略式的成交手法開始會對業務不利。遺憾的是，很多業務、培訓專家以及銷售主管都把這類施壓式成交的作法解讀成「一定成交」，但其實應該是「絕對無法成交」。

就是因為這樣，你可能說過（或是聽別人說過）這些話：「我不想聽人家說我太業務了」或「叫我開口去求什麼讓我覺得很不安，我希望對方來問我。」

這樣的思維會讓你太軟弱，你會發現自己害怕說出任何可能會讓客戶或自己不安的話。這勢必會降低你的成效，並拉長贏得案子必須付出的時間，到最後，對於客戶和你的公司來說，你就是績效不彰。

有效銷售的一切重點，就在於獲得承諾。開口要承諾不代表你自私、操弄或不道德。你可以成為絕佳的諮商型銷售專業人士，同時要求對方給予你所需要的承諾。

要求對方承諾時（尤其是下單的承諾），雖然你也

可能操之過急太過頭，但是多半的情況卻是你會恐懼，導致行動不到位、不夠快。這是一種牽制機制。你不能遵循布萊克的建議，把案子塞進客戶的喉嚨硬要人家吞下去，但是，你也不能太軟弱，一直避免開口要對方給你必要的承諾；這類承諾有很多種，實際上總共是十種。

▍成交的十種必要承諾

許多人把成交想成等同於獲得最終的承諾、也就是下單（或決定）的承諾。成交實際上更為複雜，涉及獲得各式各樣對於創造與贏得機會至關重要的承諾。成交有階段之分：無論你是處於銷售流程的尾聲、中段還是一開始，每一次你進入其中一個階段，就要請客戶做決定向前邁進。

我們來檢視成交必須取得的十種承諾。

1. **時間的承諾**：除非客戶撥冗，不然你無法創造機會。你在開發案子的階段要取得這項承諾，對於銷售專業人士來說，這是至關重要的活動。你必須在銷售流程極早期時就開口請潛在客戶承諾撥空給你，而且要取得對方的承諾。有時候，這種承諾最難取得，因為潛在客戶很忙、受限於預算問題；還有，更可能是因為他們和惡質業務打過

太多交道，早已疲憊不堪。

2. **探索的承諾**：進入探索階段時，你的客戶也在自我探索以及探索你。你需要得到他們的承諾，讓你能探索出可能的合作方法，一同做出改變與改善。

3. **改變的承諾**：如果你的潛在客戶沒有決心要改變，你有的只是引介，而不是機會。不管是他們的需求、預算限制還是你能為他們創造的價值，在這個時候什麼都不是。你必須先取得改變的承諾。

4. **合作的承諾**：你或許手握全世界最棒的解決方案，但是，在理想客戶加入他們的想法、把解決方案從「你的」變成「他們的」之前，你的方案都還不算完成。你的潛在客戶有想法，知道自己需要什麼，以及希望用何種方式得到這些。請他們和你一同合作，打造解決方案。

5. **建立共識的承諾**：想贏得大型、複雜的機會，需要你的理想客戶端的聯絡窗口、執行團隊、個別利害關係人以及他們代表的群體給你承諾。你要得到承諾，才見得到採購委員會的成員，以及會因為你交付的成果而受影響的人們。

6. **投資的承諾**：理想客戶必須承諾投資必要的時間、心力與金錢，以創造他們想要的成果。這很重要。如果他們可以在不做這些投資的前提下創造出相

同的成果，早就這麼做了。

7. **檢視解決方案的承諾**：決策中涉及的所有利害關係人都必須審閱你提議的解決方案，提供意見，讓你有機會可以做調整。一旦確定你的解決方案滿足潛在客戶的需求、而且可以產生大家樂見的成果，就要求對方許下檢視解決方案的承諾。

8. **化解疑慮的承諾**：你需要潛在客戶承諾針對你的簡報提供回饋，讓你可以化解他們的任何疑慮。要化解這些隱憂，可以透過提供證明、帶著客戶完整檢視一次執行計畫，或者直接回答對方的問題。做完簡報後絕對務必要求客戶承諾再見你一次，針對任何疑慮進行討論。

9. **決定（下單）的承諾**：請客戶許下承諾，一起向前邁進。這項特別的承諾，也就是我們所說的「成交」。少了這項承諾，等於完全沒有進展。一般人常錯信這是唯一重要的承諾。事實上，之前談到的幾種承諾也同樣重要，而且甚至更難得到。

10.**執行的承諾**：到了這個階段，你已經完成了推銷，現在你必須協助理想客戶執行解決方案，並且確定他們獲得了你賣給他們的成果。這表示你必須請他們做出必要的改變，好讓你落實方案。他們許下的執行承諾，和你的一樣重要。

▍獲得承諾，創造價值

要獲得潛在客戶的承諾，你必須贏得開口詢問的權利。如果你曾經為理想客戶創造價值，而且可以說明一起向前邁進能多創造哪些價值，那你就有權利也有義務要求對方承諾。但你在開口之前必須做足功課。

這一路上，你有幾個查核點，請透過客戶的眼光審視雙方的互動。設法證明你理解對方所處的情境，以及你有能力持續創造價值。範例如下：

- 潛在客戶剛開始認同有必要改變時，請幫助他們探索與理解當前的問題以及改變的必要性，藉此創造價值。（取得第一、二、三種承諾）
- 一旦他們理解到必須改變之時，幫助他們判定還需要什麼才能前進到更好的未來。（取得第二、三、四種承諾）
- 他們在評估選項時，協助他們理解有哪些可用選項並從中選擇。要明確讓自己從競爭對手之間脫穎而出。（取得第五、六、七、八種承諾）
- 當他們努力做出周延的決策時，幫忙化解他們的疑慮並降低風險。（取得第五、六、七、八種承諾）

若你能把這次推銷互動時創造的價值，連結到下一次互動時將要創造的價值，就會比較容易獲得承諾。要做到每一次業務拜訪、流程中的每一步都能創造價值，指的就是在你拜訪之後，務必要使現有客戶或潛在客戶的狀態都比之前更好。這樣的「價值鏈」，會讓你的理想客戶在這一路上更容易點頭。當你知道自己每一次推銷互動都創造了價值，就能自然而然且心安理得地要求對方和你做生意。

　　要獲得承諾，你要有能力說明向前邁進有何價值。這在推銷循環尾聲時很容易做，只要手邊常備投資報酬率分析，就很容易解釋繼續向前進有什麼價值。但是，推銷循環一開始以及中間的每一個步驟，又該怎麼做呢？

　　每一次的業務拜訪都必須要有賣點。你要求客戶和你見第一面時，不管他要不要和你做生意，你都必須承諾提供某些可供理想客戶利用的洞見。如果你要求理想客戶讓你有機會見見其他利害關係人，那麼，你必須承諾將會大力協助他們在內部建立起共識，讓他的工作更輕鬆。

　　在推銷循環的探索階段，要讓你的理想客戶用新觀點看待自身的處境，更深入了解如果不改變代表著什麼，並提出清晰的願景，讓對方知道他的未來將如何有所改善。這些都是創造價值的成果。

你可能需要額外資訊，了解客戶公司裡其他利害關係人與會影響決策的人。客戶若帶你見到這些人會有什麼好處？他們將能受惠：因為你更了解他們的需求，而且培養出穩健的關係，日後便能藉此為他們提供最好的解決方案。當你要求客戶承諾讓你會見其他有力人士，這就是你需要提出的說詞。這些說法是告知客戶你打算創造哪些價值。

價值、價值、價值

無論你的案子規模多大、多小，都必須要求並取得承諾，才能做成生意。事實上，在漫長的銷售流程當中，你將需要客戶給你許多承諾。每一個承諾都是一種成交，這些都是你為客戶創造價值的機會，而創造價值會帶來案子以及心滿意足的客戶。

強化成交能力的三種方法

本章所談的全部承諾都很重要。然而，這章的主旨是成交，因此，我們必須處理如何要求你的潛在客戶和你做生意，而且要把這件事做對。

你抗拒採行強壓硬推的成交技巧，這是對的。某些

有歷史名人加持（比方說，著名的「富蘭克林成交法」，
〔Ben Franklin close〕）或冠上酷炫名稱的成交法，現在
都已經沒有用，對於身在 B2B 環境下的業務來說更是如
此。就算「傻瓜懶人專用」的業務推銷書籍裡還是在講
這類手法，也對你毫無幫助。事實上，應用這類方法最
可能出現的結果，就是引發客戶抗拒。

　　過去的硬塞式成交技巧或許已經告終，但是要請客
戶提出承諾的需求仍在。下列幾種強大的工具，可協助
你在不破壞客戶信任的前提下開口要求承諾，帶領你成
交。

一、釐清你要的是哪些成果

　　你真的知道自己尋求的是哪些特定的成果嗎？人們
常常誤把活動當作成果，但兩者並不相同。業務拜訪是
活動，不是成果。你從事業務拜訪想得到的成果，是對
方承諾給你機會，讓雙方一起向前邁進。

　　每一次的業務拜訪之前，先決定你想要的成果是什
麼，並且記住，一定要有某種承諾，才能推動銷售流程
繼續向前邁進。業務拜訪計畫中，這通常是最重要、但
也最常被忽略的一塊。

　　我已經記不清楚有多少次聽到業務說：「他們喜歡
我們！他們喜歡我們所做的事，他們和我們的價值觀根

本一模一樣。這場會面真是太棒了。」但是，當我問到他們獲得哪些承諾時，聽到的總是：「他們說很快就會回電話。」沒有人要求承諾，也沒有人給予承諾。這是失敗的業務，他愧對理想客戶，因為他把應當做出承諾的時間往後拖了。

請列出推銷循環中的各個階段，並加上你從一開始到最後成交活動需要的所有承諾。請在每一次銷售互動時看看這張清單，好提醒自己你打算要得到哪些承諾。

二、用字遣詞自然且誠實

最適合用於成交的，是以他人為主的語言，而非以自我為中心。捨棄花招或操弄，改用誠實、自然的語言，直接要求客戶和你往來做生意就好。要客氣、專業、直接。你可以說的話如下：

感謝您讓我今天過來簡報我們的解決方案。針對您之前在過程中和我們分享過的要求，我們已經彙整出相關的做法，可以幫助您達成這些理想中的成果。我希望您知道，我們很快就能落實部分成果，並交到您手上。如果我們有幸贏得您的業務，我想要請求您給我們一個機會，透過這個專案助您一臂之力。我們現在可以開始進行這個專案了嗎？

如果客戶重述他們的拒絕與擔憂，不要擔心。這可能是好事，因為現在你可以把重心放在努力化解疑慮。如果他們沒有表示拒絕，但你還是沒有得到可以簽合約的承諾，或許可以問：「還有什麼是我們需要先做的事嗎？」不論他們如何回應你的簡報，離開時絕對要說：「我們真心希望有機會合作，而且我們絕對不會讓你失望。」

　　當你直接請客戶和你做生意時，就展現出你真心想和他們合作，而且很可能會以同樣直接的方式幫助他們達成目標。你展現自己是一個強大的競爭者。

　　前述所舉的成交話術，假設的前提情境是複雜的銷售案。在著重執行交易的銷售案裡，價格和風險很低，你在流程中可以更簡單、更直接要求客戶和你做生意，因為能創造的價值更少。你或許可以說：

　　我們已經了解得很深入，足以開始在這領域協助您。我現在能否開始為您處理訂單了？

　　這就是簡單、直接、專業。這樣做可以建立客戶對你的信任並展現你的專業。

三、在創造價值之後要求承諾

　　成交可以自然且輕鬆，前提是你贏到了足夠的權利，

可以開口要求並得到案子；你憑藉的，是每一次銷售互動中創造的價值。

列一張清單，說明客戶如果同意在銷售流程中繼續向前邁進可得到的益處。如果你不確定要寫什麼，請自問下列問題：

- 客戶若同意和我一起邁向推銷循環的下一個階段，能獲得哪些好處？從中有何收穫？
- 如果客戶在流程中的某個點上決定不再向前邁進，到那時為止，客戶投資的時間，有得到讓他滿意的價值嗎？
- 我要如何才能確定，客戶花時間參加本次會議是值得的？

回答這些問題可以幫助你開口要求承諾，你會有信心，因為你知道客戶會點頭。

成交是你必須擁有的第一項技能，或者說是特質。這不僅是因為你需要讓案子成交，更因為你需要先得到承諾，才能開啟合作的可能性。這是你必須獲得的最首要且最重要承諾。其他事情自然水到渠成。

> ## 即刻行動！
>
> ---
>
> 我真的很希望你馬上就跟著本章的概念採取行動，檢視銷售
> 管道中所有還開啟的機會。找出有哪些案子是還沒有排好時
> 程、不知道潛在客戶何時會執行所承諾過的行動。在每一家
> 客戶名稱旁邊寫好你需要獲得的承諾（或者，你可以輸入客
> 戶關係管理系統）。拿起電話，打給清單上最有機會、最重
> 要的一家客戶，請他們承諾；你們上一次開會結束時，你早
> 該開口要求他們許下承諾了。

推薦書單

本章不推薦任何參考書籍。市面上談相關主題的書籍幾乎都已
經過時了，而且提供的都是戰術，終究會讓你效率低落，然後失去
案子。

第十二章

開發客戶
創造全新的銷售機會

開發案子是你公司的命脈。做得好,能帶來豐收;做得不好,
你就完了。沒有任何神祕可言。

──www.fillthefunnel.com,邁爾斯‧奧斯丁(Miles Austin)

　　你可能認定我會先談開發客戶、之後才談成交,但
是,想要創造機會,你必須要能開口要求並獲得前兩種
必要的成交承諾,才能往前邁進,把對方變成真正的潛
在客戶:承諾撥時間給你,以及承諾和你一起探索。遺
憾的是,要獲得這兩種承諾愈來愈困難了。

　　由於全球化、網際網路以及幾次嚴重的經濟衰退,
過去 20 年來商業環境大幅變化。因此,我們必須大刀闊
斧改變銷售方式。

　　全球化迫使我們在全球市場上競爭。當「城市裡」
指的是全世界時,你就不再是「城市裡唯一的參與者」
了。愈來愈多業務與公司追逐著同樣的客戶,任何一個
人或一家公司要脫穎而出,愈來愈困難。如果你還沒有

遭遇這種情況，等著看吧，一定會發生。

網際網路改變了權力的平衡。過去控制資訊的是賣方，現在的網際網路讓買方能獲得更多資訊，而且選擇比過去更多。如果買方不認為你善待他們，自然能透過網路更輕易找到像你一樣想賣東西給他們的業務。

讓情勢更嚴峻的是，美國經歷了痛苦的十年，開端是嚴重的經濟衰退，尾聲亦然。在幾段經濟下滑的期間內，企業聚焦在精簡成本，以此作為求生的手段；至今實務上仍延續這套做法，趨勢未有消減。採購部門與財務長大權在握，但如今的業務面對的買方，又比從前更在乎價值，就算負責採購的人不須評估交易的財務面向，前述的觀察也成立。在這個時代，「技術」人員和營運團隊的成員，同樣關心價格。我把這種新的買方心態稱為「衰退後壓力症候群」（post-recessionary stress discorder）。這種心態使得大家對價格的關心程度超過成本。

這些變化造成的結果就是，你要得到理想客戶的關注難上加難，更別說讓他們承諾撥點時間給你。要創造機會更不容易，但是，沒有機會，你就無法創造成果。

▌開發客戶＝成交

理想客戶公司裡的聯絡窗口，比以前更忙碌。他們

可能遭遇無數次的規模縮減、人力優化以及組織重組，而且完全沒有犯錯的空間（或時間）。他們也承受極大的壓力，要在財務上有所表現。即便你的聯絡人在組織裡沒有太多正式的權力，也要對損益表上的某一行負責。

理想客戶公司裡的聯絡人，沒有時間和業務碰面，尤其是那些無法馬上就幫助他創造出更佳成果的業務。他會拒絕你想見面的要求，因為他拒絕了每一位業務提出的會面要求。由於他根本無法分辨誰才是價值創造者，只好對每個人都關上大門。

機會不足，會導致你更有可能去追逐不合格的機會；畢竟，對於飢腸轆轆的人來說，什麼東西看起來都很美味。但是這麼做僅是浪費時間，根本無法讓你朝目標多走近一步。

在目前的市況下，有一份穩健的開發案件計畫極為重要。如果你沒有計畫沒有目標，所做的付出都是不連貫且無效果的努力。你會擔心，開始追逐不合格的機會，浪費時間，把自己弄得精疲力竭，而且注定會失敗。正因如此，很重要的是，你一定要坐下來建構一份馬上就能得到成果而且審慎又周延的銷售開發計畫。

▍開發客戶的五項重點

開發客戶必須刻意安排並且持續執行，隨時隨地心裡都要有特定的目標。以下五項要點能幫助你成功：

一、找出目標客戶

列出理想客戶清單，其中包含各家機構裡會因為決定轉新夥伴（也就是你）而受影響的所有聯絡窗口。你要非常仔細思考這張清單；如果你選錯目標，就無法成功。清單上的公司所面臨的問題和挑戰，是你可以解決的嗎？你的價值提案賣點吸引力夠不夠大，能不能讓他們很快認知到當中的價值並願意付錢買下商品？

對多數業務來說，列出 60 位理想客戶是好的開始，你可以每星期聯絡 15 位，而且還有時間去做其他銷售開發的工作。以這樣的速度來說，每個月你就可以做完一輪，把某些價值帶給這 60 位客戶。

請納入所屬產業裡適用的每一種找尋目標客戶的方法，可能包括：

- **請客戶推介**：沒有什麼比現有客戶或顧客的推介更強力、更有效。開口請目前的客戶或顧客推薦你，介紹你認識其他人，讓你可以為他們創造出

類似價值。有些業務很抗拒請客戶推薦，但我發現，這些人剛好也是害怕、抗拒打電話給陌生人推銷的那一群人。這是很值得深思的一件事，不是嗎？推介和打電話給陌生人都是銷售領域必須要做的事。想在銷售領域有所成就，你必須拿起電話請現有的客戶推薦你，就像你必須打電話給陌生人一樣。

- **請供應商推薦**：賣產品與服務給貴公司的供應商，有他們自己的業務往來關係。請他們為你引見，你也可以對他們投桃報李。當你和供應商都有一些相同的目標客戶時，交換推薦很有用。

- **打電話給陌生人**：打電話給陌生人，是創造新業務的極高績效方法，僅次於推介。正因如此，這必須是你銷售百寶箱中的主要工具之一。如果你的銷售開發計畫沒有納入打電話這件事，就無法創造出原本該有的成果。如果你對於打電話給陌生人開發業務這件事需要協助，請下載我的電子書《如何馬上講得精采、做得出色，精通電話銷售術》（*How to Crush It, Kill It, and Master Cold Calling Now*），網址：http://www.thesalesblog.com/resources。

- **參與社交活動**：社交活動讓你有機會與理想客戶

面對面。請找出目標客戶可能會出席本地哪些商業性社交活動，把這些活動列在你的行事曆上，然後出門去。

- **參加大型研討會與商展**：大型研討會和商展是絕佳的機會，讓你得以和理想客戶共聚一堂。你必須能創造出真正的銷售機會，才有理由去參加大型研討會或商展，也正好，你的客戶也必須為他們出這趟差找到理由：去見一些能幫助他們的人，也就是說，去和你見面。他們急著想要見你，就像你急著想要見他們一樣，這種情況很可能就這麼一次。請善用這個機會，事先列出與會者的名單，並安排見面時程。

- **利用社交媒體**：如果你愛社交媒體，很可能太過仰賴這種工具作為蒐集推介的手段。如果你痛恨社交媒體，可能忽略了手邊最高績效的工具。社交媒體必須是你計畫中的一環，但不能是全部。使用 LinkedIn、Twitter、Facebook 或任何其他適合的社群網站分享概念，顯示你是價值創造者。多多推廣自己的想法，會讓你更容易開啟關係。

- **寄電子郵件**：電子郵件還是有用，前提是你能用最少字數寫出絕佳的主旨，而且在完全不提任何要求的前提下，於本文欄位主動奉上有價值的內

容。然而，文中也應該有一段簡短的說明，提到你將會打個電話給大家、提出某些要求。電子郵件在銷售開發清單中的順序排在很後面，因為其成效已經不如以往，至少以從事 B2B 銷售的公司來說如此。太多業務藏在電子郵件背後，多半都被過濾刪掉了。

- **手寫傳統郵件**：手寫信函獨一無二。寫得好的老式備忘錄與信函還是很有用。多加考慮，確實有助於滋養關係。

二、專注培養理想客戶

在銷售領域，培養關係定義為「在你主張有價值之前先創造價值」。你要先在關係當中「存款」，先創造價值，通常是分享一些概念；不管理想客戶要不要用你，這些想法都為他們帶來一些正面的好處。許多銷售單位相信，他們要把最棒的想法謹慎藏好，但是，不願意分享，你就無法證明自己是有能力創造不同局面的價值創造者。

列出你可自由運用的想法與工具，證明你是價值創造者。比方說，有可能貴公司編製了一本白皮書，裡面提到和你的理想客戶有關的想法。你可以寄給客戶，並附上一張手寫的紙條，說明最重要的部分。你手邊有沒

有一些產業研究（你或是理想客戶所屬產業），可以幫助他們在經營方面做出正面改變，或刺激他們做出全新、有建設性的決策？你的經歷是否讓你有能力提出一些值得分享的獨特洞見？

一開始先找到 12 項你可以用來創造價值的工具，然後決定你要如何善用這些工具來培養客戶。之後，在你的行事曆上標註何時要用哪一項工具創造價值。很快地，你就會從籍籍無名的傢伙變成著名的價值創造者。

三、每次見面都要提供價值

銷售開發是一場連續性的運動，而不是一次性的事件。這是一系列導向對話與會面機會的「接觸」，並從中設法找出你要如何、在哪個地方創造出不同的局面。

你的第一次「接觸」或許是透過 LinkedIn 平台提出邀請搭上線，之後則是在沒有任何要求的前提下，發送有價值內容的個人電子郵件。接下來你可能會寄出一本白皮書或案例研究以分享重要的概念，同樣地，你仍沒有任何要求。接下來，你或許會打個電話，要求簡短見個面。我發現，大部分的人都會爽快答應像是見面 20 到 30 分鐘這種容易達成的承諾，主要是因為如果業務在浪費時間，他們也能很快脫身。

接下來你可以開始推動銷售開發運動了。設定的目標是在 13 個星期內和潛在客戶聯繫 8 次。「8」這個數字

可以展現你要和客戶建立關係的承諾，以及你的堅持不懈。這也說明了你把重點放在改善和成果上面。有種情況非常常見：業務過來溝通一次，然後就不見了；要不然就是每天都打電話來想排時間見面。想要順利推動銷售開發運動，訣竅是每一次接觸時都要提供價值。你只有在其中兩次接觸時才能要求見面，其他六次接觸都是提供給潛在客戶有價值的禮物，而且是在不多做要求之下奉送。請記住，我們是在創造價值，以掙得日後能獲得價值的權利。這是一場連續性的運動，而不是單一的事件。

四、運用事先計畫好的對話

你和客戶最初的對話非常重要，因為你只有一次機會留下第一印象。請事先規畫這場對話，保證你使用的是最有效的語言，確保你留下的是絕佳的好印象。

打電話或與對方會面之前，先寫出你開發客戶時的對話，並大聲演練。也要練習如何因應被人敷衍與遭到拒絕。

不斷練習，直到你的表現臻至完美，之後放開計畫。不要完全照本宣科；你要有劇本，但是不需要背台詞。

五、把開發客戶變成日常的紀律

如果你有 60 家潛在客戶，一次要發送有價值的電子

郵件給每一家，可能要花掉你一整天。這不實際，而且你也沒辦法做別的事。

但是，你可以一星期發送個人化的有價值電子郵件給 15 家客戶，一個月輪完一個週期共 60 家客戶。你也可以在隔週分別撥一通電話給這 15 位客戶，做個追蹤。這相當於一天發送三封個人性的創造價值電子郵件並打三通電話，你可以輕輕鬆鬆用一個小時完成工作。

▌落實你的開發計畫

就算是最好的銷售開發計畫，如果不拿來用，也是無益。下列方法可以幫助你把銷售開發變成優先事項：

- 把開發客戶放在第一位：你不能用擠出時間的方式來做銷售開發，這必須變成你的日常紀律。每天都要騰出時間專門進行開發。
- 所有作為都要一致：你不能掌控理想客戶何時會對現狀不滿到一定程度，想做個改變。你可能每星期都打電話給他，一打數年，唯一的收穫就是每一次提出會面的要求都被拒絕。但是只要你的潛在客戶稍有不樂，你就能忽然間得償夙願。你無法預測這種事何時發生，因此你絕不能走開。

繼續打電話給你的理想客戶，風雨無阻。

■ **改變做事方式**：開發客戶時，多數業務都用同一套最得心應手的方法。但是，這不必然是潛在客戶偏好的溝通方法。**對方會挑選他們要回應哪些管道，因此你每一種都要用上。**銷售開發方法一定要包括打電話，就算你年紀輕輕而且痛恨打電話給陌生人推銷，還是要做；同時，也包括 LinkedIn 以及其他社交媒體，就算你已經滿頭灰髮而且沒興趣了解這些新的溝通工具，也不能不會。善用所有你能用的工具，直到找到最適合每一位潛在客戶的方法為止。

■ **區分做研究與開發客戶**：做研究是一回事，開發客戶是另一回事，把兩者混為一談會拖慢你的腳步。請把做研究和開發客戶分開來，以加速進度。花時間編列你的理想客戶清單，以及在這些公司裡所有可能需要聯繫的窗口。之後，而且只有在此之後，你才應該開始進行銷售開發。如果你需要多做一點研究，就要投入必要的時間，然後才回過頭來做聯繫的工作。

■ **消除讓人分心的事物**：開發客戶時，請把你的電子郵件、網路和智慧型手機關掉，以保持完全專注。告知你的同仁你新訂了一項紀律，需要他們

配合;你等一下會過來和他們碰頭。在辦公室門上掛「**請勿打擾!正在開發!**」的牌子。如果你沒有門,就用繩子綁起來,掛在辦公桌前。你在開發客戶時愈是專心,成果就愈好,而且愈快會有成績。

- **做你自己專屬的計畫**:不要去看其他業務在做什麼,不要用別人來衡量你需要投入銷售開發的心力。我認識一位業務,她很輕鬆就能和四成的聯繫窗口約到時間。但是,如果有人學她,只打少數幾通電話來開發客戶,那可能就要失敗了。因為她有獨特的方法/產品/價格以及其他因素組合,是別人學不來的。你必須為**你自己**投入必要的時間。做你需要做的事,謹守計畫。不要去管別人在做什麼。

- **鎖定成果**:不管開發業務有哪些高低潮,一定要把你的眼光放在獎賞上:會面。你要知道,如果你堅持,終將能和客戶見上一面。

▌別等需要時才開始做

你在銷售領域的第一項挑戰,是要創造出足夠的機會,而這幾乎完全取決於你如何投資你的時間和精力、

你做的決策，以及你在規劃與執行銷售開發時做得怎麼樣。永遠都會有一些你應該做、又看起來比開發更重要的事。擺在你桌上的公文、打進來的電話或電子郵件收件匣湧進來的工作，看來都更加急迫。這是因為，開發客戶從來都不會是迫在眉睫的事，直到真正急需的那一天為止。遺憾的是，一旦你非常需要開發客戶時，已經太慢，什麼事也做不成了。不要懷疑，開發客戶靠的是高度的紀律。但是，就像我在第一章提過的，自律是成功的基石，在業務上如此，在生活上也如此。

　　你必須做足開發客戶工作，創造出達成責任業績的機會。你必須做足開發客戶的工作，累積出足夠的機會管道，讓你就算失去某些機會，也因為成交率高，還是能達成目標。開發客戶是超級業務奉行的紀律。

即刻行動！

拿起電話，撥給前三個理想客戶。這樣就好。不管結果是好是壞，業務開發最重要的是你要有所行動，而這也是約見客戶最快速、最可靠的方法。什麼？這是你的夢魘，你不擅長此道？那麼，明天的第一件事就是打電話。不要自欺欺人。把該做的事做好！

推薦書單

- Blount, Jeb. *Fanatical Prospecting: The Ultimate Guide to Opening Conversations and Filling the Pipeline by Leveraging Social Selling, Telephone, E-Mail, Text, and Cold Calling.* Hoboken, NJ: Wiley, 2015.
- Konrath, Jill. *SNAP Selling: Speed up Sales and Win More Business with Today's Frazzled Customers.* New York: Portfolio, 2010.
- Weinberg, Mike. *New Sales. Simplified. The Essential Handbook for Prospecting and New Business Development.* New York: American Management Association, 2013.

第十三章

說故事
引領客戶進入美好的未來

故事推著我們跳過數字,進入感受。運用好故事來做生意,不管何時都可以打敗業績報表。

——《社群創造信任經濟》(*Trust Agents*)作者
克里斯・布羅根(Chris Brogan)

　　第九章一開始時我請讀者填空,寫完這一句話:「我賣的是＿＿＿＿。」然後,我指出,正確答案一定是「成果」。所有業務賣的都是成果,而且只賣成果,差別在於創造成果的可能是機器、鉛筆、帳務軟體、臨時員工、冰淇淋,或是賣方交付給客戶的任何商品服務。

　　你賣的是成果,這是對的。但是,你要如何賣成果?你要透過講故事,引領客戶預見更美好的未來。說故事是三大基本銷售技能中的最後一項(前兩項是成交〔得到承諾〕以及開發客戶〔創造機會〕)。雖然我把說故事放在最後面,但並不代表這件事是要等到流程的終點時才做;差得遠了,你應該從一開始就要講故事。

故事是什麼？

故事是一個有可能成形的願景，說故事則是分享這幅願景的過程。故事不只是一套有娛樂性或是戲劇性的說法，也不是用一大堆的投影片敘述貴公司的創業維艱，再加上合作過的各大公司商標，讓理想客戶無聊到欲哭無淚。說故事不只是用流暢的手勢、巧妙轉折的句子和出色的圖表來做簡報而已。

說故事，是一種傳達訊息或意義的敘事。你的用詞、畫面甚至是圖表，都要負責把聽你說話的人從某個地方引導到另一個地方。你的故事呈現的是一幅願景，顯現你的潛在客戶如何從現狀邁向更美好的未來。

你說的故事是先編好還是臨時脫口而出的，並不重要；你用的是電腦簡報軟體、畫在餐巾紙上的說明還是根本沒有任何圖說，也不重要。你必須做的是帶著潛在客戶踏上一段旅程，並在感性層面撼動他們。高績效的故事永遠能攪動心裡的一池春水。

出色的故事有哪些特色？

人類從太初之始就在講故事。最出色的故事之一是荷馬（Homer）的《奧德賽》（*Odyssey*），這部史詩裡

充滿了掙扎、危險、冒險與愛，讓人翹首盼望多時的結局形成了高潮。故事裡的英雄返家，痛宰惡棍、營救妻子，並和兒子重新團聚。就像其他出色的故事一樣，《奧德賽》裡有願景、價值觀和結果。故事裡也說到一位面對挑戰的英雄，一路上也多次獲得貴人相助。

你說給潛在客戶聽的故事裡，一定要有一名英雄（那就是客戶），而英雄一定要得到貴人相助（你）。你和客戶兩者合體，將可以斬妖屠龍（解決問題），在你們尋找想要的成果時消滅沿路上所有的問題。這則故事也必須代表你的價值觀：你為何要用這種方法做這件事。故事裡的成果，必須是客戶未來的願景，可說明如果對方願意讓你在這趟旅程中助他一臂之力，將會是多麼美好的事。簡而言之，出色故事的組成要素如下：

- 一名英雄
- 一名出手相助的貴人
- 挑戰
- 惡龍
- 願景
- 價值觀
- 美好的成果

你對潛在客戶所說的故事中，英雄得處於危境：營業額下滑、軟體設計無法處理他們要面對的資訊流、員工遇缺不補、成本快速飆高；問題可以說多不勝數。英雄可能已經嘗試過自己獨力、或在他人的協助之下向前邁進，但總是一直被打回原形。現在，你登場了，抽出你的寶劍（解決方案），幫助這位英雄一路過關斬將。

理所當然，在某個時候，惡龍就會出現。（沒有可怕的噴火龍威脅要毀了眼前所見的一切〔包括這位英雄在內〕，故事就會變得很無聊。）惡龍可能化身成你賣給這位英雄的套裝軟體裡的意外故障、經濟危機，或是偷走客戶市占率、並使客戶毛利備受壓力的競爭對手。你一如過往忠心耿耿，和英雄肩併著肩，你分析惡龍的優勢、劣勢，並擬出行動計畫。你甚至更機智，提出一套絕佳的解決方案。如果這樣還沒用，你會再提出一套又一套辦法，直到最後終能降龍伏魔。

現在，英雄可以高奏凱歌，大步邁向更美好的境地。危機已經消失，英雄也正要開始享有更幸福、獲利能力更高的未來。

這是「英雄之旅」的典範，是我們能講出來力道最強、最歷久不衰的故事形式之一。同樣的攻勢也套用在《星際大戰》（*Star Wars*）系列電影裡。因此，你可以把客戶想成是路克‧天行者（Star Wars），把你自己當成

智者尤達（Yoda）。（在此要向杜爾特設計公司〔Duarte Design〕的南西·杜爾特〔Nancy Duarte〕脫帽致意，她改變觀點，認為身為業務的我們才是天行者！）

▍編寫你的故事

你可能會覺得，叫你說這種故事，不就好像要你說童話給客戶聽一樣？實際上並非如此。你只是借用強而有力的形式，把困難的議題變得更容易理解、更能清楚看見，而且在情感上更容易被人接受。

最有可能的情況是，你講出來的故事形式是**案例歷史**，這是其他和你合作過的客戶公司所發生的事；或者，也可能是**願景故事**，這是不提其他人的狀況，純粹畫出客戶未來的樣貌。

當你彙整自己的故事時，請想到以下幾點：

- **要從未來起頭**：我們開始說故事時，開頭常會重複客戶已經知道自己正在面對的問題、或是自家公司過去相關的事實。但這些都是了無新意、無聊至極而且難以激勵人心的切入點。反之，當你開始說故事時，要先勾畫出未來成果的樣貌：客戶擁有的美好未來，以及你將協助客戶達成的出

色成果。務必讓對方擔任主角。你的故事聽起來可能像這樣：「營業額將會提高，你們也能爭取到新的客戶，而且貴公司也能搶攻顧客的荷包。」或者「產能將達到 105%，大家都不需要加班，而且又能領分紅了。」

- **描述雙方如何同心協力抵達目的地**：對理想客戶解釋，創造必要成果需要哪些要素，並務實地討論需要做的工作。當你詳述雙方如何合力創造成果時，就有機會讓自己從競爭對手當中脫穎而出。你也能說明你為何做了某些選擇，以及為何用某些方式提供服務。這讓你的理想客戶可以清楚看見你將要創造的價值。

  你或許可以這樣說：「業務留了下來，他們有新的心態、新的技巧，也有必要的流程與銷售劇本，能夠創造出成果。」或者，「老舊的設備已經汰換，因此引發生產問題的停工狀況已經解除，也不必加班了。現在的產能已經到達可以領分紅的水準了。」

- **描述將一起面對的挑戰**：挑戰，是你們必須一起消滅的惡龍。不管你怎麼想，有可怕的噴火龍是一件好事，畢竟，如果輕輕鬆鬆就能創造出客戶需要的成果，早就有人做了。正面迎接挑戰，你

將能因此成為備受信賴的顧問。因此，請開誠布公討論惡龍，說明你過往曾經用哪些方式克服類似的挑戰，然後證明你將如何如法炮製。對客戶假裝沒有挑戰，將會讓對方警鈴大作，代表你並不值得信任。你可以用下列方式來描述挑戰：「若要創造這些結果，我們需要全心投入改變，就算覺得不安也要堅持下去。而且我們必須讓每一個人負起該負的責任。這並非易事。但我們很確定，只要你我同心協力，我們可以辦到。」或者是：「我們面對的挑戰是找到資金購入機器，並且在做出改變的同時將產能維持在現有水準。」

- **觸動情感**：故事要巧妙精緻，使用能觸動情感的語言和想法。方法之一，是談一談其他人面臨相同情境時有何感受。

  你可以這麼說：「和我們配合的業務經理壓力很大，他們很擔心最後四季無法達成目標數字。但是，我們合作發展出一套讓他們信服的計畫之後，對方大大鬆了一口氣。」或者是：「員工覺得沒有得到認可。他們工時太長，頻頻請病假，試圖找回和家人共度的時光。這對業務形成衝擊，更傷害了他們的社群意識（sense of community）。」

- **納入價值觀**：要用可信且具說服力的方式談論你的價值觀，有時很難。事實上，當你用盡全身力氣對別人說：「我們童叟無欺，值得信任」時，通常聽起來都很虛偽。反之，你要用故事巧妙地展現你的價值觀。不要明講，讓價值觀自行顯露。你或許可以這樣說：「這整個過程中，我們會讓你的團隊能完全參與我們所做的每一項決策。」或是：「你或許覺得有些會議很多餘，但我們發現，請你的團隊成員出席、了解最新進度，能讓他們全心投入。他們也不用擔心我們會擅自決定要改變，不去考慮他們以後會受到哪些影響。」

編寫故事時，請記住你的客戶都是老練的專家，他們有能力看透浮誇不實，嗅出諂媚奉承。不要把你的故事變成不著邊際的童話，背負失去他們信任的風險。務必堅守事實！誠實是成功的業務共有的核心價值觀之一。

客戶只記得故事

你離開客戶的辦公室之後，銷售流程仍會延續下去，你對潛在客戶說的故事，很可能會被講給其他人聽。

開完會後，支持你的聯絡窗口會挺身而出，成為你

的代言人，把你的故事說給同儕聽。會有人問他們相關的訊息，以了解你、你的故事以及你創造不同格局的能力。客戶公司裡的利害關係人（包括高階主管團隊）會提出尖銳的問題，比方說，為什麼他們應該改變、為什麼他們應該選擇你，以及為什麼現在一定要做些什麼事。

為你的聯絡窗口提供必要的故事與資訊，讓他們有足夠的資源能支持你，你等於是為他們做好準備，讓他們能和團隊分享你的願景和價值觀。你的聯絡窗口或許不記得你的投影片裡說了什麼，但是他們將會記得你的故事。

▌ 如何把故事說好

在你能把故事說得更好之前，你必須收集一些能拿出來講的好故事。你不需要從無到有編出每一則故事。回顧你自己的人生，尤其是你的銷售人生，你可能早就有了各式各樣的故事，而且其中有很多都蘊藏著深意，能夠幫助你的客戶成功。一開始先從你的業務與服務客戶經驗開始回想，然後回答下列幾個問題：

- 哪些故事最動人？
- 哪些故事闡述了你學到的教訓？

- 哪些故事有助於你創造出可能的願景？
- 哪些故事顯示你能幫助客戶斬妖屠龍？

你的公司也有許多好故事，道盡你們如何協助顧客面對挑戰。你的同事們同樣也有故事。故事是不是你自己的不重要，只要闡述了你希望分享的願景，就值得一說。

一旦你收集到故事，做點加工強化你的能力，把故事說得好聽。你可以從以下這些想法開始。

一、找到故事的主線

每則故事都有主線，這指的是事件的進展，帶領主角在這趟旅行中慢慢走向高潮，然後進入結局。故事裡一定會有一些衝突，也一定會出現有待克服的障礙。隨著我們看到主角努力掙扎著要前往某個地方、做某件事或和某個人團圓，會有衝突創造戲劇效果，讓故事變得動人。經典愛情故事的發展便是從「男孩遇見女孩」開始，接下來是「男孩失去女孩」、「男孩贏回女孩」，然後是「男孩抱得美人歸」。失去女孩（也就是衝突）開啟了這趟旅程，現在，男孩必須努力把她贏回來，這就是故事主線的開端。請在你自己的故事當中尋找主線。找到衝突，這是創造戲劇性的成分：衝突就是需要你們

一起克服的問題、挑戰和阻礙。你的故事主線可能會導引你們從「客戶需要成果」走到「客戶試過這麼做卻失敗了」，然後到「客戶用我們雙方都沒想過的新方式和我們合作」，最後則是「客戶得到了好結果。」

當你在解析自己的故事時，請自問以下幾個問題：

- 你和客戶一起面對過哪些挑戰？
- 有過哪些未預期到的阻礙？
- 哪些出人意表的構想幫助你成功？
- 你從中學到哪些教訓？

我曾經和一位客戶合作，他們在忙碌季時很難找到適合的員工。他們的競爭對手都位在同一個地區，為了壟斷忙碌季的派遣人力市場，附近的這些對手大幅拉高薪資，導致我的客戶開出的薪資根本吸引不了他們需要的人（這是我們的挑戰）。我們早就建議客戶把薪資開高一點，以確保能滿足忙碌季時的人力需求，但他們拒絕了。現在我們出現僵局，不管是我們或客戶，都不確定要怎麼樣才能找到需要的人手（阻礙）。

我們召開會議，把薪資調查以及其他指標拿給客戶看，並建議他們和他們的客戶分享這些資訊，請後者也多付一點錢，好讓我們能把薪水拉高到必要程度，保證

客戶能成功找到人（出人意表的構想）。他們沒想過要找客戶幫忙，而且他們有點害怕要這麼做，但是，他們還是放膽一試。客戶的客戶並非每家都同意加錢，但點頭同意的客戶數已經足夠，讓我們得以調高薪資，甚至高過客戶的競爭對手。藉由為他們提供可以拿給客戶看的數據，我們互相合作，創造了成功（學到的教訓）。

一旦你找到你自己的主線，請以此為核心編寫你的故事。欲進一步了解主線以及如何成為說故事大師，請參考羅伯特・麥基（Robert McKee）的《故事的解剖：跟好萊塢編劇教父學習說故事的技藝，打造獨一無二的內容、結構與風格！》（*Story: Substance, Structure, Style, and the Principles of Screenwriting*）。

二、找出連結現實生活的細節

細節為故事帶來生命力，因此，務必確認你的故事裡有一些（但不能太多）細節，但不要為了說明細節而贅述。加入足夠的細節，讓你的故事真實且有生命力就好。考慮納入以下這類細節：

- 客戶是如何找到你的
- 故事裡的角色人物
- 他們試著做哪些事以及理由為何

- 這對他們而言有何意義
- 為何客戶的利害關係人抱持懷疑的態度
- 他們試過多少次，又失敗多少次
- 每一次他們失敗後發生了什麼事
- 他們使用哪種設備
- 為何失敗
- 客戶的團隊有何感受
- 失敗的代價是什麼
- 你們一起學習到什麼
- 你是怎麼學到的

這類細節會增添背景脈絡，讓你的故事更豐富。由於這些問題和你的潛在客戶所面對的問題相同，他們也會在你的故事裡看到自己。你看起來會好像是在說他們的故事。

三、要有娛樂性

好的故事、甚至是好的戲劇，都是娛樂性的，而娛樂通常以幽默的形式出現。如果你曾經涉足銷售領域，不管時間長短，你一定已經了解幽默的價值所在。

我還記得我去華府參加一場黨代表大會，他們請來知名且強悍的參議員鮑伯‧杜爾（Bob Dole）擔任專題

演講人。我期待的是一場純粹政治性的演說，但是，我聽到的是一場單人表演秀。杜爾參議員並非年輕小夥子，因此他用自己的年紀作為幽默的素材。比方說，當他在談古代羅馬元老院的西賽羅（Cicero）如何審理一場針對平衡預算修正案的辯論，他說：「我跟西賽羅很熟，他支持平衡預算。」藉由自嘲，他這個人馬上變得更可親而且更有趣。

身為業務，你也會希望自己盡可能可親且有趣。因此，請開始收集一些有趣的小故事以及趣聞軼事。同時，想一想你的故事裡有哪些潛在的幽默。

- 你和客戶碰到哪些未預期到的問題？
- 發生哪些意外事件？
- 有誰說了哪些完全不合脈絡的話，緩和了整個緊張的情勢？

意外通常是很好的幽默來源。看看你能不能想出一些讓你意外的有趣小故事，然後把它們編進你的簡報當中。

▍吸引客戶想聽更多

故事很動人。故事讓概念脫離理論的範疇，進入真

實事件。故事讓你能呈現你的願景，並巧妙地用富有娛樂性的方式觸及你的價值觀。更重要的是，故事把你的客戶帶進美好的未來，在這裡，你會幫助他們砍倒惡龍、達成目標。

你的客戶非常想聽這些故事。

要記住，英雄不是你。你是英雄的嚮導、明師，是他們這一路的夥伴。你的理想客戶才是故事裡的英雄。這是他的冒險，這是他要斬的龍，你只是帶著劍。這就是動聽的故事主軸。

即刻行動！

我們來編寫一段故事，好讓你能用有效的方式跑業務。寫下你曾經幫助某家規模最大的客戶達成更佳成果的故事。開頭先描述你剛接觸到客戶時他們面對的挑戰：問題出在哪裡？然後描述他們需要什麼：他們需要創造的未來狀態。接著，寫下你如何幫助他們達成這個未來狀態。別忘了你們一起創造成果時面對的挑戰。當你說明創造更好的成果需要付出哪些努力時，你的故事會更動人。

和三位同事分享，演練說這個故事。讓他們提問，幫助你為故事增添更多色彩。

推薦書單

- 南西・杜爾特，《視覺溝通的法則：科技、趨勢與藝術大師的簡報創意學》，大寫出版。

- 彼得・古柏，《會說才會贏：打動人心，出奇制勝的故事力》，時報出版。

- 麥可・波特，《開口就是一齣好戲：致詞、簡報、面試、交涉……好萊塢實力演員親身指導，關鍵場合說出精采》，究竟出版。

第十四章

診斷
找出客戶要解決的問題

在你尚未全盤了解問題之前，很難去解決。
　　　　　——銷售顧問艾莉絲·海曼（Alice Heiman）

　　美國陸軍裡有一個概念叫做「地表實況」（ground truth），主旨是：雖然擬定作戰計畫的，是安坐在遠離前線的辦公室裡的將軍們，但戰場上的士兵才是最了解實地戰況的人，他們才清楚其中的可怕威脅、挑戰與棘手的障礙。

　　地表實況是指就地收集來的資訊，通常和遠方的規劃人員、專家與顧問的認知大不相同。真人面對的地表實況（以及對應的戰術現實、障礙和不可預測性），永遠比書面上的更糟糕。但是，你還是必須發掘出地表實況，針對客戶的公司進行實地的診斷。

　　我所談的這類診斷，需要深入挖掘出引發客戶痛點的深層理由，才算完成你的診斷。你挖得愈深，就愈可

能牽扯出一些不愉快的事實，點出你的潛在客戶真正需要做些什麼才能得到更好的成果。但這是好事。除非你直指客戶面對議題的核心，不然的話，你也無法完整創造出原本能給他們的價值。

我很確定，你也清楚，沒挖出地表實況時會發生什麼事。請想一想：你是否曾經拜訪過某位決策者、贏得他的生意，但因為他描述的問題有誤，導致之後執行起來萬般痛苦，而且，你的解決方案很可能根本不符合客戶組織的實際情況？或者，你是否曾經和客戶合作，到頭來卻發現阻礙他們達成更高績效的實質障礙，是組織裡的員工有問題、是缺乏改變的意願，是公司內部的人事惡鬥？

你所受的訓練，或許是盡可能聯繫組織高層，必要時才把層級往下降。這樣做可能有問題，因為你或許可以對決策者推銷，但是你服務的是整個組織。在你的診斷裡，會因為客戶決定要跟你以及你的解決方案一起前進而受到影響的人，全部都要考慮在內。你的簡報對象可能是「長字輩」的那些人，但我保證，你在執行方案時一定要下推到組織圖中的更基層，而這裡也正是地表實況活躍之處。

忽略地表實況，將導致嚴重問題，包括無法滿足對方的期待以及在執行上遭遇難處；會發生這些問題，都是因為你並未真正了解什麼是必要的。你會發現，由於

你之前沒有花時間和他們碰頭，沒有做到深入瞭解與培養信任，和你合作的群體將會抗拒。

要做到扎實、深入的診斷，你需要花時間和客戶公司裡兩、三個層級的員工相處，以找出地表實況。只有在你深入了解客戶之後，才應該想辦法讓對方了解你，並提出你的想法與解決方案。

▍多問「為什麼？」

有一個簡單的問題可以幫助你判斷潛在客戶問題的根源，並真正理解要做什麼才能創造出更好的成果。這個問題就是「為什麼？」

假設你的客戶提出問題說：「我們需要新機器以提高產能。」這是好事，因為現在你知道，當你在建構解決方案時，要以提高產能為核心。但是你還是沒有找到地表實況。你必須問：「為什麼你們需要提高產能？」

「因為我們讓顧客失望了，」客戶可能會這麼說，「我們已經失去一家客戶了，另外幾家客戶也不太滿意。」

你只問一次「為什麼」，就得到更深入的訊息。你知道你真正要做的是什麼事：那就是避免客戶的客戶繼續不高興，然後拍拍屁股走人。現在，你要再問一次為

什麼：「你們之前為什麼沒有更換設備和流程？」

「因為財務部考量成本，營運團隊也不希望改變，冒著生產狀況可能惡化的危險。」

利用第二次問「為什麼」，你又更了解這家公司的運作狀況，以及可能需要特別處理哪些利害關係人。你要說服該公司的管理階層花費必要的成本，也需要為營運團隊提出計畫，在不干擾生產的前提下安裝新設備。雖然客戶一開始跟你說是產能問題，但光聚焦在這裡，無法解決客戶的問題。

▌不能只處理已經出現的問題

了解地表實況可幫助你準備好一份出色的計畫，並預期到抗拒、然後加以因應。你的解決方案或許不是最好的，但你診斷出理想客戶真正面對的挑戰是什麼，這種能力能讓你立於贏家地位。你可能需要一點創意，用新方法替設備找到資金，或者提供信用與折讓。如果你和營運團隊交手，幫助他們解決生產問題，比方說，先生產並囤貨、一直到量大到足以轉換到新設備為止，那你又解決了另一個實質問題。

▍提升診斷品質

如果你清楚陷阱在哪裡、也懂得避開，要做出精確的診斷並沒有那麼困難。可行的做法包括下列幾項：

一、別以經驗解讀客戶的需求

業務會急著推銷自己的產品、服務與解決方案，因為他們對自己創造不同局面的能力有信心，經驗也告訴他們能成功。但是靠著你的經驗指路，不一定能讓潛在客戶完成購買流程、說清楚他們目前有哪些不滿、根據他們的需求和你合作以及探索其他選項。

由你的經驗領路，可能會損害你的銷售能力。這並不是指你的經驗不重要。事實上，你的經驗是高績效診斷中的關鍵。但是，我們太常透過自己現有的解決方案，以及為其他客戶做過的事，看待潛在客戶的問題。診斷的重點，不是要證明你可以把某項現有的解決方案推給客戶，也不是確認你應該銷售哪一套解決方案給客戶，反之，這是為了學習與發掘。請記住，診斷的過程必須以對方為重。

要做出妥適的診斷，你需要傾聽並理解客戶的經驗。你可以之後再套上自己的經驗，但那是你已經深度理解狀況之後的事了。

二、別忽視理想客戶的願景

你會很想以你認定的適當解決方案願景作為標準，來過濾客戶的情境，但你很可能忽視了*客戶*的願景。客戶不一定具備相關的知識、專業或經驗，可能不知道要如何改善成果，這一點是沒錯。但是，當你抱持開放的態度去理解客戶時，會發現他們通常都有一幅願景，想好他們需要什麼。而且，不管他們知不知道，都是根據這些願景來評估各個想法。

不去管客戶想好的適當解決方案是什麼，會非常危險。不可以忽略這些想法。反之，你要想辦法了解他們認為要如何改善自家的企業成果。如果他們對於必要的行動認知錯誤，你必須了解他們認定的要事是什麼，並從這裡下手。否則，他們會覺得你就是想辦法塞東西要他們硬吞而已。

三、要考量到限制與障礙

很重要的是，你要挖掘出有哪些限制會阻礙解決方案，包括財務面的、流程面的、外部性的或其他限制。你也必須找到任何擋在路上的絆腳石，這些因素會妨害你發展、銷售、建置與執行解決方案。

你的競爭對手過去曾對這家客戶推銷過產品與解決方案，當時他們很可能並不了解這些限制。你的客戶現

在之所以沒有得到必要的成果，就是因為之前的業務沒有處理這些限制。你不會希望自己成為下一個烈士，敗在沒有找出真正阻礙變革的因素。

四、提出精準的問題

要做出扎實的診斷，你需要對客戶提出精準的問題。下列這類問題，可迫使客戶面對自家公司的地表實況：

- 不提升績效的代價是什麼？
- 為何之前沒有解決這個問題？
- 需要哪些人加入團隊，才能確保我們的解決方案獲得到核可？
- 可能反對這個解決方案的人是誰？

若你沒有問這些問題，就會讓到手的機會岌岌可危。就算你的解決方案雀屏中選，但你不問以上這些問題，執行時將會遭遇諸多風險。

格局小的業務只會問軟弱無力的問題。他們不想提起重大、讓人不快、富有挑戰意味的議題。原因之一，是因為他們不知道如何處理這些議題。其二，他們擔心這些議題會讓潛在客戶不安，導致他們失掉這個案子。

最出色的業務不怯於提出尖銳的問題。他們「很務

實」，有時候甚至是太實際了。他們知道自己之所以受人信賴，是因為他們不怕要協助客戶因應重大、極富挑戰性的議題。他們不擔心客戶要他們超越極限，因為他們知道這就是成長必經之路。最好的業務會迎向挑戰。

五、讓理想客戶教你如何獲勝

你能否創造機會、你會贏得還是失去機會，在銷售流程的早期階段便決定了；當你和潛在客戶合作、一起了解他們的需求並得出診斷時，更是明顯。在這個探索階段，你會學到很多和潛在客戶有關的資訊，他們也學到很多和你以及和他們自己有關的事。這個過程對於創造真實價值與贏得信任來說至關重要，因此，請務必確定你仍保有以下的心態：

- **好奇**：以診斷技能來說，沒有什麼比保有好奇心更重要。如果你真正有心想了解，就會不斷深入挖掘，直到你真正懂了。如果你沒那麼在乎，很快就會覺得無聊，然後放棄。
- **有耐性**：控制你的慾望，克制自己不要馬上就端出偉大的構想，以及經過千錘百鍊的解決方案，是很困難的事，尤其是當你辨識出眼前看到的模式（而且你可能已經看過許多次）。保有耐心並

提出問題，通常可以帶你以更深入、更細微的方式理解情境，這回過頭來會為你和你的潛在客戶導引出更好的解決方案。

投入必要的時間理解潛在客戶公司裡個別人士的需求，不僅可以更清楚瞭解他們實際上需要什麼，也能學到你的解決方案要變成什麼模樣才能得到他們的支持。

如果你投入必要的時間了解客戶的需求，他們會告訴你要怎麼做才能贏到他們的案子、他們的業務如何運作，以及要具備哪些條件才能打入他們的世界。他們也會告訴你他們用什麼語言來描述問題、挑戰、流程與系統，使用同樣的語言，會讓你聽來已經成為他們當中的一份子。

好奇、有耐性並提出讓你能盡量深入挖掘的問題，有其必要。

▌提問，你就會懂

一旦你證明你在乎，而且願意多做一點以創造多一點價值，潛在客戶就會希望你成功。一旦他們看到你想要了解，也會樂於告訴你需要知道的資訊，前提是你要問對問題。

因此，要提出所有你需要對方回答的問題。不要怯

於提出尖銳的問題。如果你用不卑不亢的態度提問，潛在客戶將會樂於回應。一定要記住：好問題可以讓你更清楚理解情境，並因此得到更大的影響力。

在銷售流程中，真正的行動就是診斷（從這方面來說，在採購流程中也是如此）。你無法在不先推銷診斷的前提下推銷你的解決方案。

即刻行動！

精通診斷出潛在客戶的挑戰，會讓你成為更出色的業務。找出已經浮現、有證據證明已經存在的問題，列出潛在客戶面對的共同挑戰。然後在每一個問題的旁邊寫下導致這個問題出現的根本原因。

推薦書單

- Paul, Andy. *Amp Up Your Sales: Powerful Strategies That Move Customers to Make Fast, Favorable Decisions.* New York: AMACOM, 2014.

- Rackham, Neil. *Major Account Sales Strategy.* New York: McGraw-Hill, 1989.

- *SPIN Selling.* New York: McGraw-Hill, 1988.

- Thull, Jeff. *Mastering the Complex Sale: How to Compete and Win When the Stakes Are High!* Hoboken, NJ: Wiley, 2010.

第十五章

談判：
追求與客戶雙贏的技巧

絕對不要談價格，而是要協調出客戶會接受的價值。

—— 《高獲利銷售》（*High-Profit Selling*）作者

馬克·杭特（Mark Hunter）

　　業務通常把談判當成單一事件，是銷售流程高潮中的「大魚」：終於來到了可以簽約的時候了。但是，就像我在本書中不斷說明的，其實你在整個銷售過程中都在談判。

　　如果你不談判，這代表你要不就是幸運的業務，要不就是懶得要命。如果你有在談判，而且談判成功，那你代表一次又一次創造出雙贏的局面。

▎為何追求雙贏？

　　乍看之下，雙贏的概念毫無道理：當你坐上談判桌

時，為什麼希望確認你的「對手」會對結果感到滿意？你不是應該要硬逼他或踩扁他，好為自己爭取到最大利益？

如果你計畫只做一次生意、然後就遠離這家公司，為達目的不擇手段的談判方法或許可奏效。要不然，就是你的產品炙手可熱，想要的人已經排隊排到天邊了，大家都只希望能把錢塞到你的皮包裡。（除非你在蘋果公司任職，不然不太可能發生這種事！）但是，如果你想和這家公司長久做生意，你需要的是非常尊重你創造價值能力的客戶，他們會持續和你合作並把你推薦給其他人。換言之，你需要的是建立在信賴與互惠之上的健全、長期關係。這裡容不下以自我為中心。

但這不表示你就應該與客戶敵對或自居於劣勢。只以價格策略進行推銷的業務，通常談出的是互見輸贏的合約：贏的是客戶，輸的是業務；這種業務只能替自己和公司賺得蠅頭小利。有時候你會為了快快成交而傾向去談一份你贏我輸的合約，但是你要知道，健康、長期的關係不光只是嘉惠客戶而已。你必須能賺到利潤，才能壯大到有能力創造價值，並協助客戶達成更好的成果。他們也了解這一點（只不過，當你大聲把這種話說出口時，聽來可能會有一點以自我為中心）。

在成功的談判當中，一定沒有輸家，所有利害關係

人（包括客戶公司以及你公司裡的相關人等）必能獲得最大的利益，而且交易必須要能為你以及你的客戶創造價值。

如果你無法設計出一份雙贏的合約，你必須轉身走人。這是成為專業人士、備受信任的顧問必須要付出的代價。你必須保護你的聲譽以及客戶的信任，協調出有利於雙方的條件，而且是每一次都要辦到。

▎降價會發生什麼事？

業務在談判時面對一項重大挑戰。長久以來，我們已經把客戶訓練成預期會有折扣。確實，我們都已經習慣先預想到客戶會要求折扣而拉高價格，之後才在價格上讓步。這種做法在實務上處處可見，已成常態。你應該深信客戶一定會要求折扣，對吧？

你可能接到理想客戶公司的聯絡窗口來電，他們喜歡你，也喜歡你的解決方案，而且他們知道你將創造出最好的結果。然後，對方丟下震撼彈：「在所有進入決選的廠商中，你們的價格最高，若想贏得我們的生意，你必須『殺一點』。」

你或許會認為這是買賣雙方之間固定的交手儀式。但是，你花在談價格以及之後協調折扣的精力，若能花

在協助客戶做出正確的投資以獲得更好的成果、而不是討價還價，會更有益。你要幫助他們理解有哪些可能，並推銷你們可以一起創造出來的價值，這樣做能為他們提供更好的服務。

不論你在銷售流程中推銷工作做得多好，在某個時候，總是會有人要你打折、重談價格。但是，在你決定僅針對價格進行談判之前，先試著用你創造的價值來協商。

▎先亮出你的殺手級價值

最近有人轉寄一封電子郵件郵件給我，原始郵件是一位採購經理發給同事的信，原始收信人負責主持一個委員會，要處理一件快成交的案子。採購經理寫道：不管業務提的價格是高、低還是剛剛好，她都會先拒絕。顯然，她相信盡量把成本壓低能為自家公司創造價值。她不太在乎提案能為公司創造多少價值，至少在她的電子郵件裡看不出來。她的做法是：「不管怎樣，叫他們打折就對了。」

沒多久，負責這個案子的業務和主要的利害關係人商定價格後，送出了合約。採購經理要求業務大幅降價。

答覆時，業務詳細說明他創造的價值。他打電話給主要的利害關係人反覆說明，強調倘若投資不足，將無

法創造出客戶需要的成果。他的焦點一如雷射光一般，精確瞄準創造出來的價值，而不是價格。

之後，他委婉拒絕了殺價要求。他說，他不認為任何不同於報價的價格能創造出客戶所需的成果。他表示不接受殺價，因為這會導致無法創造他所說的結果，最終將對雙方的公司都有害。這位先生直攻採購代理委員會，闡述價值，並要求達成交易。藉由拒絕殺價、並提醒每一個人這個案子創造出來的價值，業務贏得了案子，而且是用他報出的價。

為什麼這種做法會成功？當你要和客戶談判時，請記住以下幾件事：

- 要達成最好的交易條件是客戶的責任，這會迫使他們要求降價。對方只是把自己的工作做好，這是他本來就背負的期待。
- 多半時候，為了獲得他們想要的成果，你的理想客戶願意投資更多錢，但是他們需要你的協助，找到支持高額投資的理由。
- 你愈能清楚解釋更高的投資如何帶來更好的成果、並提出量化數據，愈可能拿到你要的價格。
- 你必須協助聯絡窗口把案子推銷到他們公司內部。

當你需要捍衛價格並針對降價進行協商時，請指出你正在創造的價值，把燙手山芋丟回去。在你殺價之前，先端出你創造出來的殺手級價值。

提醒客戶，你提出的訂價是建立在提供客戶要求的確切必要成果之上。請指出價格與成本之間有差異，說明客戶投資太少的話將無法獲得必要的成果，藉此強調客戶可能會失去什麼。

請提醒客戶，他們之所以到現在還無法得到想要的成果，是有理由的：因為之前並未創造出足夠的價值。強調除非創造出必要的價值，否則他將無法得到想要的成果。情況必須改變。舊有的談判策略對他來說已經沒用了。

▎如何成為創造雙贏的談判專家

本書不談戰術。有很多出色的參考書籍都在討論談判的哲學與戰術，包括羅傑・費雪（Roger Fisher）與威廉・尤瑞（William L. Ury）合著的《哈佛這樣教談判力：增強優勢，談出利多人和的好結果》（*Getting to Yes: Negotiating Agreement without Giving In*），還有我的愛書之一：哈利・米勒斯（Harry Mills）《街頭智慧談判家：如何比對手更明智、更機動且更持久》（*The StreetSmart*

Negotiator: How to Outwit, Outmaneuver, and Outlast Your Opponents）。這兩本書都可以幫助你辨識談判桌上使用的常見戰術。

這一章談的是談判，這裡有一個問題：你應該要善用談判戰術、當成是自己的優勢，還是只要了解、以便能見招拆招就好？我相信，了解戰術是好事，但不要用來贏得勝利或爭取案子。請記住，你是在和客戶（或未來的客戶）協商，目的不在於比對手更明智。如果你們在銷售流程中已經培養出穩健的關係，最終簽下合約是自然又輕鬆的事。如果整個流程一直充滿敵對氣氛，那麼，你就是在脆弱的基礎上開始這份關係，你必須非常努力才能創造出雙贏的交易。

下列四項重點可以幫助你成為雙贏的談判專家：

一、請記住你可以起身走人

你必須永遠都從強勢的立場開始談判，但除非你願意在某些狀況之下起身走人，不然的話，你做不到強勢。你要不設計出雙贏的案子，要不就放掉。

如果你的案子對客戶有利、但對你不利，請退出。你贏我輸的案子會讓你付出時間與資源成本，這些若能貢獻給其他客戶會更好。最重要的是，他們會消磨你和團隊的情緒能量，要在很糟的交易條件下創造出好東西，

只是浪費心力。

另一方面，如果案子對你有利、但對你的客戶不利，你也需要走人。如果你留下來，無論如何還是會失去這個客戶，並且這會毀掉你的聲譽，讓你不再是值得信任的人。你的未來，將會是經營出一大群失望的客戶，他們很樂於對別人訴說和你合作的負面經驗。

願意放下一個很糟糕的案子，你就能站在強大穩健的平台上談判。你不用接受惡劣的交易條件，也不用強迫任何人接受。當然，如果你一定要靠這個案子才能達成預定目標，就沒有這樣的立場了。正因如此，開發客戶才會這麼重要：強大、穩定的銷售管道，讓你能放掉任何案子，因為附近永遠都還有更多案子。

二、決定合作之前不要談判

你是否曾經在合作之前就和潛在客戶進行討論，結果發現你的價格有問題？你可能在簡報時表現傑出，但客戶馬上就叫你殺一點價錢。

小心，談判開始了！但是真的是這樣嗎？

某些買方喜歡在價格戰上讓業務互相殘殺。他們可能會、也可能不會告訴你對手的價格，但是他們會說清楚：你得打一場價格戰。如果你們還不確定要合作，你很可能只是被用來對抗競爭對手的棋子而已。或者，他

們是用對手的價格來誘使你降價。不管是哪一種，如果你任由競賽轉向價格，就會偏離價值。

你得客氣地堅持，要先確認合作才會同意開始談判，藉此保護你的定價能力。如果對方問起價格，回答時你可以反問：「我們要合作了嗎？」

如果答案是否定的，你可以說：「我們很樂於協商出最後的合約，但是，在你們尚未決定我們是不是最適合的人選之前，我們認為開始談價格都言之過早。我們希望確認你們能獲得必要的成果，包括適當的價格。」

三、只談判一次

某些機關組織訓練自家採購要談判一次以上，每一次都要把價格壓下來，每一步都要從你身上榨出價值。首先，他們會要你和主要聯絡窗口談判，之後，他們會找來採購部門進行另一輪的談判，然後採購部門再請財務長出手。藉由輪番榨出價值，他們逼迫你大幅退讓，幅度超過你經手的其他案子。你已經投入其中；你在情感上已經陷入這個案子裡。他們會說：「你已經快成功了，現在只需要再多殺一點點就好。」

當你坐下來談判，要確定是最後一次。不論你同意了哪些條件，都必須遵守。你必須問：「如果我們談價格，你會承諾採購達一定數量，到我們雙方都同意能讓你獲

得必要成果的水準嗎？」

如果答案不確定，你就要問：「本次協商還需要哪些人參與？」馬上要求利害關係人加入。

只有在僅談判一次的情況下，你才能做出對你以及對理想客戶而言都正確的事。你設計出最佳的交易，為雙方創造最適當的價值，但價格最後才談。

四、開誠布公，以創意解開膠著點

出色的業務思慮敏捷，在談判時尤其如此。但是，有能力快速思考不能當作不做準備的藉口。

列出兩張交易要點清單，為談判做準備。一張清單應包括你的客戶需要拿到的條件、好讓他為他那一邊創造贏面；另一張則必須詳列出你要拿到的條件、好讓你為自己以及團隊創造贏面。

挑出對你來說很難達成的交易要點，以及對你的客戶來說有困難的條件。之後，針對這些膠著點做好準備，雙方要進行一場公開、坦誠且有創意的對話。這很重要，因為最好的談判就是彼此對話，想辦法一起解決困難。

好的談判重點不在贏，而在於即便彼此的需求互相衝突仍能達成共識。要願意把焦點放在達成雙贏交易的結果，而且要機智，能創造並討論出新的可能性。有些創意會出現在談判桌上，因此，上桌前請帶著替代方案

與想法。

　　進入談判之前，先和團隊裡深思熟慮、深富創意的成員會談，腦力激盪出其他可能性、潛在的交易價格以及替代方案。準備好簡報內容，說明你的構想要如何讓你及你的客戶一起達成雙贏的合約。著眼於找到方法克服彼此衝突的需求與渴望，而不要只以取捨的角度來敲定案子。

　　永遠要記得單純的「申明價值」會讓雙方緊緊固守自身的立場。若你單單只是宣告你的價值，同時就證明了你不是機智的人，而且／或者你不想成為有創意的人；因此，反之，你需要的做的是創造價值。

　　當你和打算長期合作的組織機構談判時，申明價值並不是優先事項。反之，你要把所有的努力重點放在創意，能夠化解膠著點，達成雙贏的交易。

▌客戶利益和你的利潤一樣重要

　　你可以讓自己成為一位傑出的業務，談出確保客戶能夠得到談判利益的案子，同時你也賺到足夠的利潤，有能力履行你的承諾。你達成雙贏交易的能力將有助於鞏固你的地位，讓你成為客戶信任的顧問，特別是要達成這種圓滿結果非常困難的時候，更要如此。

> ### 即刻行動！
>
> ---
>
> 找出你和競爭對手在價格上的差異。列出清單，點出你做了哪些事、讓你得以創造更好的成果，比主要的競爭對手略勝一籌。列出三到四點，說明為何潛在客戶多付錢買這些差異是很合理的事，以及他們要如何確定能得到需要的成果。當你被要求降價時，請善用這些重點。

推薦書單

- Cardone, Grant. *Sell or Be Sold: How to Get Your Way in Business and in Life.* Austin, TX: Greenleaf: Book Group Press, 2012.
- 羅傑‧費雪、威廉‧尤瑞，《哈佛這樣教談判力：增強優勢，談出利多人和的好結果》，遠流出版。
- Hunter, Mark. *High-Profit Selling: Win the Sale without Compromising on Price.* New York: American Management Association, 2012.
- Malhotra, Deepak, and Max H. Bazerman. *Negotiation Genius: How to Overcome Obstacles and Achieve Brilliant Results at the Bargaining Table and Beyond.* New York: Bantam, 2007.

第十六章

商業思維
提供更出色、穩健的提案

眞正的決策者，也就是企業的領導人，在乎創新、成果與管理風險。你要了解客戶的產業以及他們的客戶，然後帶入洞見與專業，在策略、改寫遊戲規則的商業價值以及管理風險等面向上祝他們一臂之力。

——《約書亞原則》（*The Joshua Principle*）作者
湯尼・休斯（Tony Hughes）

　　許多業務之所以無法創造或贏得新機會，是因為他們不夠了解商業；他們誤以為夠了解自家的產品或服務就能具備銷售思維了，他們所謂的了解，多半指的是能用一套演練過幾百次的劇本——化解客戶的拒絕。

　　過去，只具備產品知識就夠了，但是如今，理想客戶並不想和只會做業務的人合作。他們想要的是能幫助他們解決自身商業挑戰的人。他們在找的是夥伴，幫助他們看見更好的未來，並指引他們朝向這個目標走去。只會重複產品特色與益處的業務，不會比好用的網站更

有價值，而且根本比不上精采的 YouTube 影片。你的理想客戶想要的是備受信任的顧問。

要成為值得信賴的顧問，你必須要能提供出色、穩健的建議。要能做到這一點，你必須具備商業思維：你要了解一般商業原則，還要有能力善加利用，在你所屬領域做出周延的商業決策。商業思維是你為客戶所創造價值的核心。

▍有商業思維才有價值

在還不太遙遠的過去，教授銷售技巧時內容都限於開發業務、講述故事與成交，而且特別強調成交。我們把這稱之為第一代銷售技巧。之後，由於經濟環境的變遷，這一行也隨之起了變化，業務接受額外訓練，培養能力診斷出客戶更複雜的需求，才能讓自己提供的產品服務有別於競爭對手。他們所受的教育是要善用自己創造出來的價值，當成最主要的談判工具。這是第二代銷售技巧。

雖然第一代與第二代技巧都有其必要性，但已經不足以確保銷售能成功。創造價值的重要性日漸顯著，導致業務需要一套新的技能。到現在，你也必須知道商業如何運作。你必須懂得什麼叫做市場策略、獨特的價值

提案、財務面向的指標以及其他，這些都是第三代銷售技能。

新的現實是，你不能只是當一個「純粹」的業務；你也必須成為商業通才。商業思維幫助你在不同的面向上創造價值，從而創造機會，也就是價值，指的是解決實際的商業問題並創造競爭優勢。你可以從容地討論獲利能力、財務指標、產量、投資報酬率以及任何其他的財務衡量標準，也有能力和客戶的營運部門員工討論執行面，並和他們的技術團隊一起檢視複雜的想法與細節。你甚至可以和客戶的採購及風險管理團隊合作，共同審查法規遵循與法律議題。要能優游在這些領域，你不需要成為專家，但確實必須培養出一般的商業知識，並特地去了解客戶的業務。

當你在做發掘需求的工作時，商業思維能為你提供必要的洞見，讓你在對的時候機問出對的問題。在你準備提案時，也能幫助你依循商業人士的思路，就像是決定要不要購入你推銷的產品與服務的決策者。

如何強化商業思維

要培養商業思維需要花費時間與精力，但不一定要花錢或取得名校企管碩士學位。下列七種方法可以提升

你的商業思維，其中六項要花的成本不過只是特意且持續的努力：

一、閱讀財經書籍與雜誌

想要培養出商業思維，第一步就是熟練基本的商業概念與詞彙，還好，這兩個主題都有人做過徹底的研究，也有大量的書面資料，用極低的價格便可得到必要的資訊。

要寫出一本商業書，需要花費好幾年，再加上幾千個小時的研究。這類書都是實務界人士與理論學者的寶貴經驗，裡面包括他們的成功與失敗故事。美國市場的商業書籍平均價格為 25 美元（約 750 元台幣），如果作者把一整年的工作時間都花在寫這本書上（工時為 2,080 小時），你支付給他的時薪才 1 美分（約 3 元台幣）多一點。這真是物超所值！

請廣泛閱讀，涉獵各個領域。閱讀談行銷、管理、領導的書，甚至一、兩本財務相關的書。閱讀企業領導者的傳記，以了解他們面對了哪些挑戰、他們如何思考這些挑戰，以及他們做了哪些選擇以克服挑戰。

除了商業財經書籍之外，也要讀一讀《快公司》（*Fast Company*）、《哈佛商業評論》（*Harvard Business Review*）、《彭博商業週刊》（*Bloomberg Businessweek*）、《富比士》（*Forbes*）、《財星》（*Fortune*）以及《公司》

（*Inc.*）等雜誌，這些全都會為你介紹一些很有用的想法。長期下來，你將能熟悉商業用語，並開始了解許多重大題材、想法、趨勢和議題。

我的好友約翰・史班斯（John Spence）一星期要讀三到五本商業書籍，幾十年來始終如一。他可以旁徵博引和任何人談論任何商業主題，這也正是許多財星五百大企業聘用他來演說或為他們訓練團隊的原因。

請上 www.theonlysales guide.com 下載我推薦的書單。

二、閱讀與商業無關的非小說類書籍

財經商業書籍雜誌能幫助你培養商業思維，同樣地，閱讀非商業性的書籍也可以給你更多的真知灼見。廣泛閱讀，能給你大量的情境知識以及眾多有趣又有用的想法，幫助你和對方搭上線。

閱讀《清單革命：不犯錯的祕密武器》（*The Checklist Manifesto: How to Get Things Right*）或《開刀房裡的沉思：一位外科醫師的精進》（*Better: A Surgeon's Notes on Performance*），能讓你受益匪淺，兩書的作者都是阿圖爾・葛文德（Atul Gawande）。這兩本都不是商業類的書，但每一本都寫到極為寶貴的教訓，可以輕鬆用在任何類型的銷售上。

讀一讀豪爾・布倫（Howard Bloom）所寫的《野

獸的天賦：資本主義的徹底改版》（*The Genius of the Beast: A Radical Re-Vision of Capitalism*）、或是他的另一本大作《魯西法原理：前進歷史叢林的科學探索》（*The Lucifer Principle: A Scientific Expedition into the Forces of History*），會讓你茅塞頓開。雖然兩本書沒有專門以銷售和行銷為主題的內容，但能教你更多，可能超過你讀過的許多其他相關書籍。這兩本書談的是文化以及人類的深層需求，有一部分是科學，一部分是歷史，一部分是心理學，以及一部分行銷。

選擇你喜歡的非小說類書籍。就算書的主題和銷售八竿子打不著，比方說歷史或藝術，也可能很有用。我保證，你一定會從書中找到一些可以應用到銷售工作上的心得，其中某些概念也能幫助你更了解商業。

三、在公司裡找私人家教

多數企業都會提供免費的訓練，並且會配置資源用以培養員工。但有一個常被忽略的資源是你的同事，包括你所屬部門以及其他部門。多數人很樂於協助你了解他們的專業領域，會向你炫耀他們的知識。公司裡的私人家教可能不是正式的編制，但是，嘿，你做的可是業務。你知道總有方法得到你想要的。

你需要更了解財務報表嗎？去財務或會計部門走一

遭，請他們帶你一起詳讀理想客戶的財務報表，並告訴你他們看到了什麼。一旦員工認同他們是老師、而你是亟欲求知的學生時，你可能很難蹺掉他們的課！

需要有人幫你了解營運部門的人如何思考某個商業挑戰？還是採購部門、行銷部門或高階主管團隊？問一問公司裡在這些部門任職的同仁，請他們告訴你他們在做什麼以及他們如何思考。要求讀一讀能帶領你深入理解的素材。之後，請他們和你共進午餐，討論一下你從中學到什麼。你不僅能培養出寶貴的商業思維，也能和這些人建立起關係，之後你可能需要他們幫忙。

尋找私人家教，並把自己培養成別人的家教；你可以投桃報李，替對方上一堂銷售入門課。相信我，他們會非常高興有機會教學以及學習。

四、尋找導師

你的家人、鄰居、朋友、教會的教友或熟人可能專精於某些商業領域。最可能的情況是，這些人很樂於和你分享他們的知識和理解，前提是你要開口問。

請這些人在他們專精的領域成為指引你的導師，教導你。他們可能受寵若驚，非常高興可以幫你一把。找到兩、三位熟悉某個領域的人士，星期五的午餐時間輪流和他們聚一聚。記下你從他們的經驗、最重要的想法

以及建議當中學到什麼，以利繼續汲取新知。

以前，我搞不太清楚什麼叫負債率（debt ratio）與永續性成長率（sustainable growth rate）。我的鄰居剛好是一位財務長，所以我請他和我一起檢視試算表。他不僅教我如何看現金流與永續性成長，還替我修正我的試算表，並教我如何設定，方便之後做分析。

不要羞於外求協助。一定會有人願意教你，你只負責開口就好。

五、讓客戶教導你

你的客戶很清楚自家業務的來龍去脈，非常願意好好教導你。

客戶可能跟你分享公司營運的許多面向，包括聘用員工（人力資源）、市場上的競爭（策略、行銷）、服務客戶（營運、客服）、財報結果與隱憂（會計、財務、策略）以及員工管理及領導（管理與領導）。

向客戶學習他們的業務；這是職場人的管理碩士學位。你得到的實務知識與經驗對你大有益處，可以幫你為理想客戶創造價值。

此外，你的客戶也樂見你努力想了解他們的業務、同時提升你自己對於一般的商業思維。這是因為，當你了解得愈深入，就愈能協助他們創造出更好、更快的成果。

列出一張清單，寫明你想要問客戶哪些和他們的業務有關的問題。請客戶團隊中的成員一起共進午餐，並請他們談一談公司的業務重點。

　　我在這十年間把大部分的時間都花在請教客戶，請他們就自家業務為我指點一二。我詳細詢問他們營運的每一個領域，並且直接告訴他們我想了解這一行，也想了解他們的做法。提問多年之後，我就有能力問出適當的問題，證明我已經針對他們的組織培養出專業。

六、寫下學習心得

　　留下你的學習記錄，是自我教育的好方法。筆記記下重要的想法、寫明你在何時何地認識哪些客戶，並快速翻一下筆記，看看你的新知識對你以及你的客戶或許可以發揮哪些用途。

　　寫下來這件事不僅能幫助你記憶，也能鼓勵你思考剛剛學到的知識。當然，思考能讓你更深入理解。

　　如果你用電腦或平板電腦記筆記，請再回頭詳讀，在各段落中劃出重點，並加入自己的意見和想法。這麼做，可以幫你釐清思緒，助你記憶學到的內容。每一季都要重新檢視你的筆記，這樣做，你不僅能把學到的東西拿來付諸行動，也有助於發想新構想。

七、接受正規教育

在這七種方法中，唯有這一種需要多花錢；如果你願意花費必要的時間、金錢與心力，在大學唸書的經驗會很有趣、很讓人興奮，而且在你培養商業思維時能讓你大有斬獲。可以考慮企管碩士、推廣班、證照班、某些商業領域的碩士學位，甚至從學士學位念起。

在你去上第一堂課之前，會先拿到書單。因此，開學之前，你有時間去思考讀過的內容，並和同學討論相關的主題。和一群跟你讀過相同書籍的人交流想法，是最快意的事了。

雖然大家都知道財經商管書籍作家兼演說家湯姆・彼得斯（Tom Peters）對於企管碩士多有微詞，但我相信取得企管碩士學位是絕佳的學習經驗。未來，你會遇到更多擁有企管碩士學位的業務，因為銷售領域對商業思維的要求會愈來愈高。

沒有錢念企管碩士？沒關係。社區大學也提供各式各樣的課程，涵蓋商業、財務、會計、寫作以及各種主題，這些都能提升你的商業思維。

當然，如果你真的努力落實前六種方法來提升商業思維，其實也相當於拿到一個非正規的企管碩士學位了。

▍只了解銷售的產品並不夠

從單純推銷商品，到推銷解決方案並改善與加速商業發展，在銷售領域要有所成就，必備的技能也在改變。如果你希望能有所成，就必須成為出色的商業人士。

但銷售領域仍少見商業思維。我們花太多時間去擔心產品知識、技術知識與銷售敏銳度，但其實應該聚焦在商業思維。

你的商業知識與經驗是絕佳資產。你愈努力累積這些資產，銷售成就也會愈高。不論你受的是正規還是非正規教育，投資報酬率都很可觀。

協助對方進一步達成他們的商業目標，你就創造了價值。業務要成為出色的商業人士。理由何在？因為商業思維現在已經變成了新的銷售思維。

> ## 即刻行動！
>
> 選擇一家你有興趣的公開上市公司。可能是你的理想客戶，但這不是必要條件。請上各種財經網站（如 finance.yahoo. com 或是 www.google.com/finance）下載該公司最新的年報閱讀，尤其是董事長給股東的公開信。也請讀一讀風險評估，以了解哪些趨勢或事件可能會有損他們的財報數字，以及他們如何思考這些議題。如果想以一家好公司作為出發點，可以選擇奇異（General Electric）。

推薦書單

- Dixon, Matthew, and Brent Adamson. *The Challenger Sale: Taking Control of the Customer Conversation.* New York: Portfolio, 2011.

- Hughes, Tony J. *The Joshua Principle: Leadership Secrets of Selling.* Portland, OR: BookBaby, 2013.

- Kaufman, Josh. *The Personal MBA: Master the Art of Business.* New York: Portfolio, 2010.

- Malcolm, Jack. *Bottom-Line Selling: The Sales Professional's Guide to Improving Customer Profits.* Seattle: Booktrope, 2011.

- Spence, John. *Awesomely Simple: Essential Business Strategies for Turning Ideas into Action.* San Francisco: Jossey-Bass, 2009.

第十七章

變革管理
營造共識協助他人改變

變革管理的真正關鍵便是心態管理。
——《銷售力》雜誌發行人傑哈德・葛史汪納德
（Gerhard Gschwandtner）

你銷售的商品，將會改變客戶的業務，而且很可能是大幅改變。

要落實變革，聽來容易。比方說，有些變革講起來不過就是安裝新的軟體、訓練技術人員與交付操作手冊而已。但是，客戶的事業並不只是一個企業名稱而已，而是由人組成的複雜集合，各自有著不同的需要、想望與要求，其中還有很多彼此衝突。你銷售的標的要能創造價值，必須靠這些人通力合作。所以，在客戶公司內營造共識是非常必要、而且是以人為本的流程。

多數時候，你必須透過撼動個人、團隊甚至整個組織，讓他們從現狀轉向更好的狀態，藉此管理變革。這

是一項艱鉅的任務，需要用到你在前幾章學到的所有特質和能力：樂觀、積極主動、求勝新、機智、堅持、溝通、負責、影響力、成交、開發客戶、說故事、診斷、談判與商業思維。正因如此，我才會把變革管理放在最後，因為你會需要用到至目前為止學到的每一項工具。

別吞下藍色藥丸

電影《駭客任務》（*The Matrix*）裡有一幕很出色，撐起了整部電影的奧義。先知莫斐斯（Morpheus）讓救世主尼歐（Neo）從兩種藥丸當中選一個：紅色藥丸，或是藍色藥丸。他告訴尼歐，如果他吃下紅色藥丸，就能開天眼看見醜陋的現實，未來他再也無法逃避。如果他吃下藍色藥丸，就能留在他已經熟知的世界裡，並持續信奉現在的信念，不用管這些根本都是謊言。

紅色藥丸代表隨著變革而來的不確定性，藍色藥丸代表現狀。當你在推銷時，某種意義上，就是在要求客戶從紅色藥丸或藍色藥丸中擇一。他們知道，如果吞下紅色藥丸，就必須面對未知，並做出必要的改善行動，這是過去難以做到或根本是不可能的任務。改變是對銷售的潛在干擾，很清楚就可以看出當中蘊藏著失敗的風險。你送交到客戶組織裡的改變提案之所以必會遭到這

麼多抗拒，這正是主要的理由。

　　要說服他們擁抱變革，你必須協助他們面對目前處境的真相，並預見更好的未來。你要認同變革會帶來痛苦，但是，另一方面，這份痛苦能帶來更美好的未來。幫助他們應付公司內部的人事惡鬥，強化他們的信念，讓他們深信將會得到你推銷給他們的成果。

▎徵求懷疑論者的支持

　　非常有可能出現的狀況是，客戶公司裡某些可以從「藍色藥丸」得到好處的人會大力抗拒你的解決方案。確實，他們甚至會和你的支持者對抗，以阻礙變革實行。

　　你需要把這些抱持懷疑態度的人拉到你的陣營裡；有支持解決方案的人替你背書，還不夠。少了反變革派的協助，你的解決方案就無法創造出更好的結果，這是因為懷疑論者做事會拖拖拉拉，想等著你自動退出。他們會想辦法阻礙你的努力，並且用最大聲的抱怨廣播你每一次的失足與每一個錯誤，不管那有多麼微不足道。如果你曾經在得不到必要的團隊支持前提下推動解決方案，你應該很清楚，在這種情況下，最後對於你和你的客戶來說會有多糟糕。絕對不要忽視這些反對你的人，也不要試著強渡關山、以壓制的方式實踐變革。反之，

你要找出哪些人是反對派，並打造內部團隊，推銷「用改變現狀交換更美好未來」的想法。

要做到這一點，你需要為團隊提供強而有力的論據，這表示，你必須找出公司內部哪些地方有衝突，並提出解決方案以降低或消弭歧見。

▌分析利害關係人

我們在推銷時，面對的是一個愈來愈常用共識決拍板定案的世界。流程中涉及的人愈來愈多，在推動變革時，我們需要每一個人同行。或者說，至少，我們需要他們退到一邊別擋路，好落實變革。以多數案子來說，要決定繼續做下去，都需要得到比多數人更多一點的支持，而且，幾乎每一個人都可以否決你的提案。

你提出的解決方案愈複雜，受影響的利害關係人就可能愈多。同樣地，你的解決方案對於理想客戶的成敗來說愈是重要，流程中牽涉到的人就愈多。

從設定目標到成交，有很多方法可以用來管理每家公司都有的複雜關係網。效果最好的工具，或許是利害關係人分析：側寫牽涉其中的各式各樣人物、團隊、分部以及各自為政的單位。以下是一段極簡版的教學，說明如何完成一份分析。

一、找出決策者

一開始，先找出客戶公司的聯絡窗口中，有哪些人可能加入採購委員會。這聽來很簡單，但其實不一定容易。

理想的情況下，你會找出誰是大權在握的支持者，這是指公司內具有影響力而且又支持你的解決方案的人。要找到他們，最簡單的方法就是對聯絡窗口提出一個問題：「如果我們要讓這個專案過關，團隊裡還需要哪些人？」

你也要考慮到其他的利害關係人。這些人或許不在採購委員會裡，但是一定要有他們配合，才能保證你的解決方案能創造出你承諾過的成果。他們通常握有選擇解決方案的實質權力，而且絕對可以告訴你公司裡面實際上到底發生了什麼事。想找到這些人，問聯絡窗口一個問題：「當我們要落實解決方案時，哪些人會受到影響？」

另外還有一些隱形的影響力：公司裡某些人和你的解決方案並無正式或直接的關係，但是他們備受尊重或在辦公室政治上很有力量，可以左右決策。要找出這些人通常很困難，這表示你必須花費足夠的時間和聯絡窗口交流，並在業務互動時眼觀四面耳聽八方，找出是哪些人在影響哪些人。

你可能需要提出建議，以幫助聯絡窗口想一想有哪些必要的人。你可以說：「我們發現，通常如果在流程

早期納入營運人員和資訊科技部門的人，就更可能了解他們的需求，並讓他們接受變革。這會讓我們的工作推動起來更順利。早期我們應該讓哪些人加入？」

二、找出他們需要什麼

你愈是了解各式各樣利害關係人的需求與恐懼，就愈可能展現必要行動，以贏得他們的支持。

比方說，客戶的領導團隊可能支持你所提的倡議行動。但是之後你發現，位在組織基層的某個人需要你變更解決方案，才能符合他目前的工作流程。如果你推銷時沒有注意到這件事，以及未能獲得組織裡每一個人的支持，可能導致失敗。

你可能會發現，解決方案裡的某些技術規格和客戶方資訊人員非常在意的功能互相衝突；或者，講到現金流時，財務部門會想要挪出一些可供緩衝的空間，案子的成敗就繫於你能否提供一般實務操作之外的信用條件。

組織裡可能也有人處心積慮想要把新行動計畫的功勞攬在自己身上，也有些人要等你做出改變、讓他能居功之後，才要支持你。你或許不喜歡這類的內部政治角力，但總是避免不了。

此外，你一定會遇到的情況是，有個人是你很需要的盟友，但一直以來卻與你的競爭對手走得很近。不管

你的對手是輸是贏，這個人還是會想支持自己的朋友。

要審慎考慮這些利害關係人以及他們的偏見和偏好。有些人是支持者，甚至是大權在握的支持者，這些人希望你成功，也會盡其所能協助你。面對他們，你要做的就是提供必要的資訊，以利他們在公司裡挺你。

至於反對你的人，你要找出原因何在。是因為他們在這場競賽裡有自己的人馬，如果你贏了，他們就輸了嗎？你的解決方案會削弱他們的權力嗎？他們之所以反對變革，單純是因為變動讓他們很不安嗎？

最後，不要忽略中立的利害關係人。他們雖然不會跳出來支持你，也不會阻擋你。但你也需要管理這些人，以防範任何反對派的利害關係人拉攏他們對抗你。

三、仔細評估衝突與限制

一旦你找到所有相關人等，請詳細描繪出他們有哪些互相衝突的需要與限制，這樣你才能和團隊一起提出策略。客戶的利害關係人當中，有些人可能會想要其他的解決方案，因為那能幫助他們得到必須的結果。在此同時，另有一些人又另有想法，因為那更適合他們的需求。一旦你知道這些衝突和限制在哪裡，就可以努力打造出一套讓所有群體均能達成共識的解決方案。這並非易事，但倘若你做不到，不管是好是壞，最後的結果很

有可能是權力最高的利害關係人得償所願。如果這類的利害關係人剛好是你認定的大權在握支持者，看來是圓滿結局。但如果你能贏只是因為得到最有權力者的支持，你的解決方案將會一路跛腳，因為輸掉的利害關係人將會大力抗拒。

四、不要聚焦在高層

落實變革的努力之所以失敗，通常是因為業務太過於將焦點放在要找到有權力簽約的人。

就像我之前提過的，多數業務被教成盡量從客戶組織裡的最高層下手，以確保我們能和決定簽約的重要人士搭上線。過去這或許是好建議，但如今，有愈來愈多企業根據共識決行事，所有因採購而受到影響的利害關係人都要參與，這表示，決定權通常分散在不同的部門與階層。因此，與過去相比，真正的權力通常落在組織中的更基層人員身上。所以說，不要忽略許多並非居於高位的利害關係人。

▌ 如何管理變革

好，現在已經做完利害關係人分析，可以開始管理變革了，方法如下：

一、找出並打造屬於你的團隊

只找到握有經濟力量的決策者（也就是那些真正付錢購買你的解決方案的人）並對這些人推銷，已經不夠了；光是找出有能力影響決策的人，讓對方成為你的盟友，也已不足以成事。反之，你需要打造出一個聯盟，集結決策者、有能力影響決策的人、會幫你推銷變革概念的人、以及當你真正拿下案子後會協助你落實的利害關係人。換言之，你需要打造一支團隊。

當你思考組織裡的相關人士時，請找出你的團隊裡需要哪些人。誰能從你的解決方案當中獲得最大利益？誰在組織裡擁有最大的政治力量？誰最能影響其他的決策者、有能力影響決策的人以及利害關係人？誰對於你的構想充滿熱情，當你不在客戶公司時也會幫你推銷？

集結這些人，打造出一支團隊，幫助你確立變革理據並替你推銷。

二、找出有礙變革的阻力

許多案子到最後無疾而終，是因為你低估了阻礙。最重大的障礙之一，是客戶公司裡反對你提出的變革的那些人。善用你的利害關係人分析，找出是哪些人持反對意見以及理由為何，這裡面也包括對於你的解決方案抱持開放態度、但是不接受「要改變」這個想法的人。

捍衛現狀的人很多，避免風險的論據也強而有力，而且很容易就能找到。想維持現狀的人雖然知道事情有些不對勁了，但是現況就算不好，對他們來說至少是已知的燙手山芋。

有種狀況很常見：業務對最能接受解決方案的人推銷，忽略要善用機會去贏得持保留態度的利害關係人。不幸的是，視而不見並非建立共識的策略。你必須努力地找到是哪些人反對你的行動計畫，和他們互動，並了解他們為何擋你的路。唯有這樣，你才能贏得他們的支持。

三、處理利益衝突

改變，對於客戶公司的某個領域來說或許非常重要，但可能在其他地方出現問題。因此，你需要考量的不只是人的障礙而已；你也要找到技術面的阻礙並妥善因應，而且，愈快愈好。

我們太常急著報告解決方案，卻沒有全面性地先找出技術面的挑戰與利益衝突、並提出因應計畫。我們給客戶一場精采絕倫的簡報、一套出色的解決方案，還有一長串懸而未決的隱憂。

列出衝突清單（包括技術面和人事面），在你向利害關係人簡報之前先針對他們設計你的解決方案。你要先努力贏得認同，拉攏因你的變革行動計畫而受到負面

衝擊的人，之後再進行簡報。

你需要和哪些利害關係人會面，以了解他們反對的理由、並化解你的解決方案可能給他們帶來的任何問題？你的團隊裡有誰可以幫助你，讓他們轉為支持或請他們退開別擋路？

四、提出改變現狀的論證

人之所以想改變現狀，絕對不是只為了要用類似的東西取代；那並不值得你付出心力、面對干擾或跳下懸崖面對未知。要替你提議的變革徵求支持，你必須強而有力地說明現狀有何不足、或是哪裡危險，以及你的解決方案如何能打造更美好的未來。請善用講述故事的技巧，推銷這番光明、亮麗的未來。

採用專業又不失人性化的用詞建立你的投資報酬率分析。你要盡可能幫愈多人回答：「這麼做對我有什麼好處？」面對支持你的利害關係人，請推銷你的故事和投資報酬率；面對抗拒你的利害關係人，要說服他們，讓他們相信你的變革也會對他們有利。提出論證，說明保持現狀實際上比改變更危險。你要有說服力。

五、運用政治手腕

每一個組織裡都有政治角力，這表示，你必須了解

客戶公司裡的政治賽局並參與其中。雖然這很醜陋也很混亂，但絕對有其必要性。

要化解衝突，就要為對手提供一些他們想要的東西。你要修正提案內容，贏得足夠的支持，以利落實。你或許需要奉承對手，並培養關係以建立信任；如果你推銷的案子會讓他人付出適量的血淚汗水，尤其要這麼做。

這些概念也適用於你自己的組織。有時，要讓客戶從不作為到作為，你需要在自己的陣營內做出一些改變。你可能需要去找自家團隊商量，請他們改變交付產品的方式與時程或提供額外資源。你可能必須要求特殊的信用條件、客戶專用的聯絡窗口或是在合約中加上某個條款。你需要所屬組織內達成共識，用在客戶公司的策略和戰術，也同樣可以套用在內部。

要在政治上成為大師，才能為變革提供催化劑並妥善管理。通常，這才是變革管理的真正核心。

▌克服抗拒變革的挑戰

不管在任何企業，推動變革都是困難的任務。不管做哪一個案子，你都要把眼睛放亮，你要知道你會遭遇多種阻力，其中有一些甚至在你自家公司裡。

你的任務是要提出並推銷能打動人心的變革立論，

然後管理並領導變革。描述現狀，並提出維持現狀會附帶哪些風險，藉此強化認知。請記住，每一次你找到有損客戶業務的威脅時，也就是找到了創造更美好成果的機會。

出色的業務不只是推銷產品與服務而已，他們還能提出並推銷變革論證。之後，他們會管理並領導變革。

即刻行動！

你的業務管道中，當你推動變革時，有哪個案子是你僅和一位利害關係人有過互動的？請找出來。打電話給主要聯絡窗口並安排時間會面，請他邀來繼續推動案子會牽涉到的其他利害關係人，然後，請開始和這些人約時間會面；當你要落實變革時，會需要他們鼎力相助。

推薦書單

- Adamson, Brent, and Matthew Dixon. *The Challenger Customer: Selling to the Hidden Influencer Who Can Multiply Your Results.* New York: Portfolio, 2015.。
- 奇普・希思與丹・希思，《改變，好容易》，大塊文化出版。
- 約翰・科特，《領導人改變法則》，天下文化出版。

第十八章

領導
帶領團隊迎接挑戰

你必須先領導自己，之後才能領導團隊，最終才是領導客戶的團隊。無人能使你成為領導者，你必須挺身而出，掙得領導的權力。
——《極其簡單》（Awesomely Simple）作者
約翰・史班賽（John Spence）

　　你可能基本上自認為業務員，而不是領導者。你在所屬領域忙進忙出，做著各式各樣的繁重工作，你不是那種坐在會議室裡計畫或對著手下成員發表演說的那種人。你可能甚至不想成為領導人。但是，如果你要推銷並落實你對客戶承諾過的成果，就必須承擔起領導的角色。

　　根據本書一貫的原則，領導，指的是決定行動方針以創造非凡成果、之後應用他人的資源以落實行動。要做到這一點，你要動用講故事、談判以及變革管理的技巧，同時展現堅定不移、勇於負責的精神。（這裡要再

說一次，你會發現，本書中所談的所有特質和技能彼此相輔相成，共同交織成一張互相連結的網。）

身為出色的業務，你要站在前線領導，導引你自己的團隊以及客戶的跨職能部門團隊。出現問題、挑戰或障礙時，不管情況讓人多不樂見，你都是第一個要面對的人。找到機會時，你也必須是第一個善加利用的人。這就是領導者要做的事。

你是一位策略指揮家。一如交響樂團的指揮，你的工作就是讓每一個人互相協調，以創造出最佳成果。領導他人時，你能憑恃的，是你極清楚他們各自的職責是什麼，而且你的理解極為深入，甚至超越自我期許。樂團指揮的琴藝或許不到足以坐上首席或次席提琴手的位置，但是他很清楚提琴手該扮演什麼角色，能適時、適地善用他們的才華。團隊裡負責執行與交付的同仁比你更清楚他們自己要做什麼，但是，你還是必須領導他們。

這沒問題，因為你做的事是提出願景、方針，他們負責處理細節。請記住，成果由你負責，而細節則由他們負責（你在第九章已經學過負責）。

▌自己負起領導責任

領導力絕對不是由誰交到你這個業務手上。不會有

任何權威人士走過來，拍拍你的肩膀說：「恭喜，你現在已經成為一名領導者了。」不會有人替你舉辦場盛大的典禮，公司裡的某個人現身，准許你開始領導，而且，也不會有人教你如何領導。能夠讓你成為領導者的，是你決定要承擔責任並根據這個決定行事，無關乎你在組織圖上的哪個位階。你能成為領導者，單純是因為你的行事像個領導者，你為推銷出去的成果挑起責任。

請選擇成為領導者。把創造成果當成自己的責任，協助你的客戶獲得你推銷給他們的成果。不要擔心當你領導時會有人抱怨。我保證，不會有人和你爭這種領導地位，當你必須克服重重險阻挑戰時更是如此。一旦你順利創造出好成果，就會有人想要搶功，但沒人會搶著去做為求成功必定要做的繁重任務。事情出錯時很多人都會急著逃開並躲起來，想辦法讓自己甩開責任。

你不要跑、不要躲，你要投入，你要領導。其他人將會跟隨你、幫助你，因為你在前線，挑起責任。

▎管理「妨礙銷售部」

你所做的推銷當中，最困難的項目之一，是對自家公司推銷。如果你曾經對自家公司推銷，想必很痛恨這件事，但是，就算如此，也無法撼動或改變現實：你在

自家公司內部進行推銷時必須做的工作，居然和你在理想客戶公司裡推銷時要做的一樣多。

你的公司裡到處都有懷疑論者，他們不相信自己能為理想客戶創造出必要的成果，幫助你拿下案子。這是因為，現狀不僅在客戶的公司裡根深蒂固，也深深嵌入你的公司裡。這股對變革的抗拒，這種不想挑戰極限的意興闌珊，構成我戲稱的「妨礙銷售部」，部門主管名為「我們辦不到」副總裁。每一間公司裡都有一個或多個這種部門。

你很清楚這個部門如何運作。你的解決方案接近完成，你的理想客戶要你稍微調整做事方法，這樣才能完全配合他們的工作流程，以利他們在自家團隊中建立共識。你把修正的要求傳回公司，但你的團隊告訴你：「我們辦不到」。

或者是，你手邊正在處理的案子，需要你做點投資。可能是你要多聘用一個人專門接洽這位客戶，但他們付的款項有好幾個月都不足以支付這項人事成本；也有可能，是你需要捨棄手邊還堪用的東西，從外面另購備品，以確保客戶能得到他們需要的成果。這需要一點點「做就對了」的信念，相信這樣的投資很快就會為你帶來回報；你有信心必會如此，但自家公司的領導階層不像你這麼確定。他們從未和這家客戶交過手，他們也不像你

一樣，在辦公室裡打過幾十通銷售電話，和理想客戶往來聯繫。他們給你的答案是什麼？「我們辦不到」。

通常，你必須說服自家的領導團隊，讓他們接受你認為有可能、有必要的願景。你公司裡「妨礙銷售部」的那些人不會想方設法創新，不思創造日後能延伸到更多客戶身上的新價值，他們只是反射性地回答「不行，這我們辦不到。」

這也正是需要你發揮領導力的地方。沒錯，你在自家組織內並沒有正式的領導職務，但不要讓這一點阻礙你。請善用你對客戶推銷時用到的所有技巧，領導內部。勾畫出更美好未來的願景，並以這幅願景為核心建立共識。有必要的話，你也需要操作政治。要膽大無畏，對著你無法用職權要求的同事開口，請他們承諾。走穩你的路，一直到得到你想要的，就像你為了贏得客戶所做的努力一樣。

談到領導，且讓我們挑明事實說清楚：你的公司內部之所以出現抗拒，是因為有時候你必須以業務的身分去面對現實。無須為這事難過，而這也不是你靠著抱怨或祈禱就能解決的問題。如今，推銷一點也不簡單，而這樣的現實面意味著你必須挺身而出、起身領導，帶著眾人邁向未來，有時候甚至是要在背後踢著他們，對他們吼叫。

千萬不要怪罪公司

如果事情出錯，導致你無法把承諾過的成果交給客戶，你不能怪罪自家公司。就算你的公司顯然該罵，大罵公司，也不表示你就能逃掉責任。

軟弱的業務無法成為領導人。軟弱的業務怪罪自家公司，相信這麼一來自己就不用負太大責任。但對客戶來說，業務就是公司！對他們推銷的人是業務，而不是業務所屬的公司。業務人在現場、和客戶會面、診斷他們的需求並營造出共識。

你永遠不會聽到客戶說：「沒關係，我們不會怪你讓我們失望。我們會怪你的公司。如果你到其他公司任職，我們會再度和你做生意。」仔細聽好，如果你這一次在這家公司無法替他們創造出成果，他們憑什麼相信你到了另一家公司後會表現得比較好？在下一份銷售工作中，你又將面對類似的挑戰。這不會消失。

你的理想客戶和你做生意，是要你幫助他們創造成果。他們寄望你領導自家團隊、創造出你講過的成果。如果必得改變，他們也希望是由你領導團隊做出改變。做出承諾的是你，要負責交出成果的也是你，就這樣。

你推銷的是成果，領導者交付的也是成果。

領導你的團隊

你的團隊需要領導人，沒有誰比你更適合擔此重任。你要和團隊成員會面（包括公司裡的管理階層團隊、營運經理、會計與資訊科技部門），給他們一幅願景。當他們很掙扎時，你要本著一條信念去行事：他們正盡力而為，要假設對方的立意良善。不要批評或批判，花點時間去理解他們的世界，以及有哪些障礙阻止他們行動。你的角色是幫助他們成功，而不是把失敗怪罪到他們身上。

一旦理解團隊成員面對哪些阻礙之後，請對他們說明有哪些事攸關客戶的利益，也關乎自家公司。如果問題出在客戶端，請起身領導，代表你的團隊介入，並對客戶的團隊成員說明他們正在做（或不做）的事可能會妨礙你的團隊執行方案。

如果你的團隊因為缺少內部資源而無法服務你的客戶，請打好內部關係，提供必要的助力。你的團隊可能需要更多時間、更多金錢、更多人力或是公司內部領導團隊的更多支援。你要負責確認他們得到必要的資源，或者幫助他們得到。現在，你應該已經想到為何你需要機智、有影響力，又為何需要營造出共識吧？不管是在你自己的公司裡還是客戶的公司，你同樣都必須具備這些技能。

堅定領導團隊，團隊就會不畏險阻，幫助你達成結果。

▍清空阻礙

電影《巴頓將軍》（*Patton*）裡有一幕很精彩，演的是巴頓將軍（George S. Patton）正在要橫越義大利，搶在英國蒙哥馬利將軍（Bernard Montgomery）之前拿下義大利的墨西拿城（Messina）。巴頓將軍的部隊正要越過一座橋，但是一頭拉著車的驢子擋在路上。這頭驢子完美證明了什麼叫驢脾氣，紋風不動。

巴頓將軍急著要比蒙哥馬利快一步到墨西拿城，於是他走上前去，看看是什麼是阻礙軍隊前進，讓他們無法執行一路開拔到目的地的軍令。發現障礙之後，將軍馬上掏出他那隻把鑲有珍珠的著名手槍，斃了驢子。巴頓之後命令手下把驢子和驢車踢到橋的另一邊，軍隊也因此得以在蒙哥馬利之前抵達墨西拿城。

消除障礙，達成目標。

你也會遭遇到拖慢團隊或讓團隊停下腳步的阻礙，有些障礙就像驢子一樣，推也推不走。創造這類障礙的或許是你的客戶，他們提出了新的訂價標準或是服務水準協定，或者是容許利害關係人不思改變，導致必要的變革延遲。設置路障擋你路的也可能是你的公司，因為

有人要求不合理的信用條件、要把交付日期往後推，或是任由營運部門的人拖慢腳步，因為要達成你要賣給客戶的成果太困難，他們做起來太吃力了。

阻礙從何而來並不重要。擔當領導角色的你，要對付頑固的驢子，把路清出來，讓團隊過橋去，交出你承諾過的成果。你的作風不需要像巴頓將軍這麼殘酷；他是在打仗。但你在行事時同樣要秉持著高度的魄力與堅定。

這正是你為何必須永遠領在前面的理由：你要成為第一個看到驢子的人，才能隨即處理。

▌如何增進領導能力

不管你問哪一位領導人，他們都會告訴你很難在最佳狀態下進行領導。他們會說明領導團隊時使用蠻力並無效果，也會說到他們希望自己具備更大的影響力。偉大的領導者永遠都是先選擇說服，而不是蠻力。他們知道自己是業務，要推銷願景，並開口請別人許下行動的承諾，以實現這幅願景。

偉大的業務也會告訴你，讓他們夜不成眠的因素不是競爭對手的威脅，而是可能會讓自己有幸領導的人們失望。

這本書你已經讀了很多了，這表示，你很可能已經擁有成為偉大領導者的特質。買下這本書的人多數連前幾章都未能讀完，這是很讓人遺憾的事，而你已經脫穎而出了！

下列重點將能幫助你強化自身的領導技能：

一、閱讀

少有銷售相關的組織會著眼於訓練與培養業務成為領導人才。這一點遭到漠視，代表你必須自我訓練與培養，而閱讀是很好的起點。

我喜歡閱讀由實際從事領導的人所寫的書，比方說愛爾蘭的南極探險家厄尼斯·亨利·薛克頓爵士（Sir Ernest Henry Shackleton）、美國總統喬治·華盛頓（President George Washington）以及巴頓將軍，他們全都曾面對過看來無法克服的挑戰。當你在讀這些書時，很容易就能從領導者的故事中濃縮出一連串的概念與特質。如果你不喜歡傳記，或者，你不喜歡自己去蕪存菁、汲取教訓，可以選擇書名裡有「數字」的書，這是指，有人幫你分析過相關的故事、並幫你整理好各項要旨（請見推薦書單）。

你閱讀時腦海中會蹦出很多想法，請寫下來。筆記記下領導的技能與特質，並收集相關故事，說明這些如何在你的公司裡發揮作用。務必要寫下領導失敗的範例，

並思考哪些領導技能與特質原本可以預防這些災難。這類的練習會把相關的寓意教訓深深刻在你的腦海上，你也會發現自己會去思考可以用哪些方法來克服你面對的領導挑戰。

你也要研究你所屬組織內的偉大領導者。這些人或許沒有當你想到「領導者」時會想到的正式職稱。去找找看，有哪些人總是能把事情做好，大家因此願意跟隨他們？找出這些人：他們能讓別人願意為他效命、與他合作，得到比薪水更豐富的報酬。注意看看他們如何與自己領導的人們溝通。去尋找蛛絲馬跡，幫助你理解這些領導者有何特別之處，值得眾人跟隨。他很在乎自己領導的人嗎？他給大家能觸動人心的使命與願景嗎？他有沒有把大家的工作定義為重要的事，讓人們在做繁瑣的例行公事時有了意義和方向感？

二、扛起責任

不管事情順不順利，領導者永遠都會扛起責任。就算失敗肇因於無法預見的情況，或是出自於客戶的疏漏、失誤，領導者也會負責。

學習把成果當成分內事，代表你要負責協助客戶獲得你推銷出去的成果，也表示你要應付最嚴重的問題。不要因為你擔心自己會孤軍奮戰而遲疑著不敢領導；出

色的領導者自然而然會引來願意奉獻的跟隨著。事實上，你就是靠著「起身領導」這個行動引來跟隨者，大家會加入你的行列一起努力，是因為他們也希望你和你的解決方案能成功。當你跳進去扛下繁重的工作時，馬上就贏得了跟隨者。

我曾有個客戶無法獲得我推銷給他們公司的成果。失敗的理由，是因為他的領導團隊成員表現不佳。客戶公司裡擔任領導角色的員工非常具有攻擊性，他們對我的團隊成員很失禮。這些人不但不努力幫助我們達成他們公司需要的成果，還蔑視、打擾我的人，牽制我們創造出更好的成果，並盡其所能阻礙我們成功。這家公司需要改變和我們合作的方法，不然的話，就不可能有成果。

我大可輕鬆地說這不是我的責任，把失敗怪罪到客戶頭上，然後繼續前進。但我沒有，我把成果當成自己的事，這表示，我挑起責任，和客戶的團隊周旋並處理他面對的限制。無須多說，這類對話讓人十分不快。當我指出他的團隊是唯一的路障、阻礙我們獲得更好的成果時，可沒太討人喜歡。但他們接納我的建議並做出改變，我們一起創造出更佳的成果，倘若我不擔起領導角色，就達不到如此成果。

你要學著透過挺身而出來領導。你要學著透過處理

大家避之唯恐不及的棘手議題來領導。你很快就會發現
自己陷入大麻煩，但領導人也正是這樣養成的。

三、站到前線

領導就在（前線的）行動當中，領導者會提供協助、
召集人員，並獲得必要的資源。

不要躲在辦公桌後面領導。挺身走向必須的行動，
讓大家都感受到你的存在。艱困時，和客戶肩並肩站在
一起。當你自己的團隊苦苦掙扎時，同樣的道理也適用。
當你的士兵面對最猛烈的挑戰時，你必須在前線和他們
在一起。

請記住，是你創造願景並推銷出去。出現問題時，
你要回應問題。衝向現場，能創造出不同局面，並讓你
的願景鮮活起來。你不確定該怎麼做？不用擔心這一點。
站出去領導就對了。光是你人在那裡，站得直挺挺的，
就會讓人帶著想法與資源擠到你身邊。

所有偉大的領導者都曾經浴火，你也不會例外。

即刻行動！

你知道有某一位客戶很棘手，很難為他創造成果？問題可能在客戶這一端，也有可能是你的團隊讓客戶失望。這是你的領導機會。無論問題在你這邊還是客戶端，請和你的團隊召開會議，最終結果是要提出一套改善成果的計畫。和客戶會面，分享這套計畫，以改善成果。之後花點時間和客戶的團隊相處，幫助他們在組織內做出必要改變。你必須領導，即便你沒有正式的權力亦然。

推薦書單

- 亞賓澤協會，《有些事你不知道，永遠別想往上爬！破除「自我欺騙」盲點，簡單解決職場困擾，提升面對問題能力》，春光出版。
- 衛思‧羅比茲，《匈奴王阿提拉汗的領導祕方》，上硯出版。
- 賽門‧西奈克，《先問，為什麼？啟動你的感召領導力》，天下雜誌出版。

第十九章

熟練八項技巧
創造競爭優勢

你的產品、公司、品牌，甚至是你的價格，不過就是桌上的籌碼。
最終，最持久的差異點是你在客戶購買旅程中創造的價值。
—— 卓越夥伴公司（Partners in EXCELLENCE）
執行長戴夫‧布洛克（Dave Brock）

銷售這場偉大的賽局已經不一樣了，而且還會繼續改變。這已經不是你父執輩時代的銷售賽局（或者，在這一方面，也可以說不是我母親那個時代了）。我們如今面對一個大不相同的世界，在這裡，銷售環境更艱困。

現在約有幾十股強大的力道與趨勢在發揮作用，每一股都讓推銷變得愈來愈困難，每一股都大力壓制著毛利率（或利潤）。且讓我來為各位介紹其中幾項。

全球化把世界愈變愈小。過去，美國樂於把藍領工作外包給其他國家，比方說中國和印度。但是之後美國人發現中國人和印度人就和美國人一模一樣，同樣犀利，

同樣精明，同樣富有創業精神。你和你的客戶現在都面臨來自全球的對手，這使得競爭愈趨激烈，毛利遭到大幅壓縮。你和理想客戶對話時，價格主導了大部分，這便是其中的原因之一。

如果全球化帶來的變化還不夠，那麼，請再加上「去中介化」（disintermediation），這是快速重塑經濟態勢的另一股力量。去中介化是一種比較時髦的講法，白話來說就是「跳過中間人」。亞馬遜網路書店（Amazon.com）不認為你需要去書店才能買書；就買書這件事來說，他們認為你根本哪也不用去。這家網路書店也不認為你需要上超市，他們會把你需要的東西送交給你。YouTube不認為你需要目前的電視形式，反而相信每個人都應該能取用相關的工具，分享自己的藝術、政治意見，或任何自己認為有娛樂性、有知識性或有說服力的內容。傳統形式的報紙正在垂死邊緣，許多書籍出版商、唱片公司、電視台與批發商也難逃同樣的命運。這代表的意義是：毛利率面對了更大的壓力。

21世紀初網路泡沫破滅時，美國遭遇嚴重金融衰退。21世紀最初的10年以另一次金融風暴告終，當時金融業因為不當的商業實務操作而崩潰，颱風眼就是房貸。在美國領軍之下，全世界都被捲入大衰退（Great Recession）。這引發了我以前說過的「衰退後壓力症候

群」。即便美國經濟僅出現一年的負成長（亦即經濟衰退），大家都還是覺得隨時隨地可能再陷入另一次衰退。這帶來更多恐懼，也對毛利率造成更大壓力，很多人都暫緩投資自家公司，因為他們認為隨時都有可能落入谷底。價格承受的壓力也就更大了。

但是等等……還沒說完呢。

許多公司裡的採購部門愈來愈強悍，專業的採購人員持續想辦法削減成本，以提高自家公司的獲利能力。

公司整合供應商，試著拿到大量折扣，並且和多家供應商合作，以壓低銷售成本。

企業內部每一個階層的人，現在都要為公司損益表中屬於自己的這一部分負責，連從來沒看過損益表的基層主管與領班也不能倖免。

對很多業務來說，網路創造出資訊上的對等。買方可以多做研究，了解他們想要往來的賣方，以及可能要付多少錢。（如果你的理想客戶和你在資訊上對等，你需要回過頭去讀一讀談商業思維那一章。資訊對等是通往無法創造價值的快速道路。）

對業務而言，所有因素導引出一個重大結果：許多潛在客戶想要把你這個人以及你的銷售標的變成標準化的大宗商品。他們當中有很多人相信你和競爭對手並無差異，而且他們也相信你無法（或沒有意願）創造出更

大的價值。

這股**趨勢**將銷售世界撕成兩半。

你必須與眾不同

銷售世界分岔成兩個分支：顧問諮商型與執行交易型。如今每個人都面對著沉重的財務壓力，很多銷售組織因此轉型為以執行交易為導向。這類企業聚焦在降低整體成本，講到銷售這件事，他們把很多自己在做的事轉為自動化，比方說，讓客戶自己透過網路去了解他們提供的內容，並從網路上下單。他們也把銷售人力從銷售現場拉回到內勤業務的角色，順勢將薪資調降至遠低於外勤業務的程度。

無能、無法或未來做不到，為理想客戶以及任職公司創造更高價值的業務，會被迫落入執行交易型這條正在裂開（而且繼續擴大）的幽谷裡。然而，有意願的人，還是可以躍過深谷、跳到另一邊。

若銷售組織意在提供複雜、更能創造價值的解決方案，就會聚焦在解決客戶最具策略意義的挑戰，花時間和理想客戶進行諮商，並凸顯他們價值提案中與眾不同的地方。這類企業中，有些公司可能將執行交易型的銷售交給內勤業務，但是他們會聘用更多能培養關係的業

務，同時也付出更高的薪水。這樣做能創造更高的價值，並有別於其他公司和他們提供的標的。

銷售的這兩個世界差距漸大，你必須選擇要站在哪一邊。培養出本書的 17 項關鍵（也就是讓你在銷售上有所成就的心態與技巧），將能幫助你跳脫執行交易型的銷售領域，變成顧問諮商型的業務。但是，請不要以為跳到顧問諮商導向這一邊就得到了特許，可以志得意滿或偷懶怠惰，你必須不斷努力琢磨這些要項，並努力培養自己。

▌培養人才與專業

企業界曾短暫覺得有義務培養員工與員工的專業。在這段期間（可能是 1950 年代到 1990 末期），做出這類投資的企業，也從中獲益。雖說企業應該在培養人才方面投資更多，而且我們在本章中提到的所有要素，也都指向這個論點，但這類投資愈來愈少見。企業把太多刺激成長的力道都用在每季的財報上，太過於著重股東能獲得多少價值。

許多公司在培養人才方面都投資不足，這一點你無須接受也不必同意。你可能強烈認為他們有責任去培養聘進來的人，你甚至希望有人花更多的時間與金錢幫助

你成長。但是，我們已經來到這本書的結尾，你很清楚，你完全找不到這樣的氛圍。

要成長，要在個人與專業層面上自我培養，百分之百是你的責任。

在本書一開始，我已經說過，有些業務能展現最高水準的績效，有些則表現落後，兩者之間的差異並非由所面對的情境決定，也不在於他們的產品、服務、經理或是公司的薪酬制度。

我說過，成敗在於個人。你擁有力量去做決定，不要避開。你為理想客戶創造價值，同時也為自家公司賺到價值當中的一部分。

簡單來說，你就是造成不同局面的差異點。

藉由養成本書前半部講述的心態要素，你可以在許多和你互相競爭的業務當中脫穎而出。他們少有人具備你的自律，這代表他們的工作表現不可能超越你。多數人也沒有你的正面態度，而且他們還會找藉口。他們沒那麼關心客戶，競爭時不那麼拚命，也不那麼機智。你的先發主動，你的果斷堅決，你的溝通能力，你樂於為成果承擔起責任的意願，在在讓你成為稀有商品當中的罕見極品。你擁有的影響力超越同儕，因為你是值得跟隨的人。

藉由養成本書後半部討論的技巧關鍵，你能打從一

開始就為理想客戶創造出不同的局面，而且格局更大。你敢於開口請對方給予必要承諾，讓你能夠協助理想客戶，這是競爭對手連想都想不到的協作方式。你在開發客戶時，發出的訊息會比別人更精準，你講出來的故事也會比別人更動聽。你有能力診斷出理想客戶面對哪些挑戰，證明你具備商業思維去協助他們。你發掘出來的地表事實，將讓你能營造出共識。即便你可能並無等同於「領導者」的正式職稱，但對於那些穩穩獲取你推銷給他們的成果的人來說，你無疑是領導者。

你一路努力，認真學習這17項業務有成的必備關鍵。你已經做足更充分的準備，要成為價值創造者，而這正是你的理想客戶目前所需要的。但是，你的工作才剛剛開始。你永遠都不能停下腳步，必須在個人與專業的層面持續自我培養。在這個充滿混亂的時代，你需要不斷砥礪精進。

當你需要提神醒腦，請再讀本書。我會建議你每一季都翻一翻這本書和你的筆記。針對你覺得需要幫助的主題，挑一章來讀。當你細讀本書各章時，請回過頭去檢視你在實務上做過的工作。請從每一章末的推薦書單中挑一本來讀。

請上我的網站（www.iannarino.com）來看看，我這裡隨時都有新東西，等著你需要的時候拿來用。

請成為能創造不同格局的「異端」。請把你的工作做好。

即刻行動！

如果你還沒試過的話，請上 www.theonlysalesguide.com 下載搭配本書的工作手冊。針對你現在最需要努力的面向挑一章出來，完成那一章的所有練習。一旦你熟練選定的業務面向，再挑另外一章，不斷重複，直到你演練完整本工作手冊。

推薦書單

- 史考特・麥肯，《為什麼別人的產品比較賣？》，意識文化出版。
- Neumeier, Marty. *Zag: The Number-One Strategy of High-Performance Brands: A Whiteboard Overview.* Berkeley, CA: AIGA, 2007.
- 傑克・屈特，《新差異化行銷》，臉譜出版。

滿懷感謝

　　能寫完一本像這樣的書，真的必須大力感謝所有曾經影響過我的想法、以及幫助我寫成書的人。

　　寫書很費時。我最感謝妻子雪兒（Cher）長期的支持。我的三個孩子艾登（Aidan）、米亞（Mia）和艾娃（Ava）教會我的，比我教給他們的更多。他們的成長蛻變，讓我既自豪又感恩。倘若我忘了感謝史卡普（Skamp）、雀兒喜（Chelsea）和古怪亨利（Weird Henry），我的家人會很不開心：牠們是我們養的瑪爾濟斯犬和救回來的貓。

　　我學到的知識有許多來自我的母親。她是我的致謝詞裡少不了的對象，更是把愛付諸實踐的最佳範例。不論何時，我身上任何的好特質，都是她的功勞。我的任何缺點，都是我自己的問題，而她到目前為止仍戰戰兢兢地努力改正我。

我也從兩個人身上學到很多，他們會是你這輩子見過最好的業務：我的姊妹莎妲·拉米爾（Thada Larmier），她在培養單純的關係這方面會是你見過最出色的人；塔拉·伊安納里諾（Tara Iannarino），在任何地方你都找不到比她更能成功開發銷售機會的人。而我弟弟傑森·伊安納里諾（Jason Iannarino）則是專業的喜劇演員，當我需要「切中要害」時，他用一、兩句話就幫了我大忙。我哥哥麥可在我養成業務的過程中讓我受益良多，當「銷售」代表著替我們的樂團「惡名昭彰」（Bad Reputation）排定公演時，他總是在一旁護衛著我！我們到現在仍一起寫歌！

我父親是老派的業務。他若無法在第一次拜訪時就拿下案子，就不要這個案子了。他帶著我進入位在環境惡劣社區的客戶家中，在這裡替他的孩子們上實務課程，永遠改變了我們的人生。他是出色的業務經理，也長期為我提供建議，更是我可以在公眾面前演說的理由。

我無限感激解決方案人力公司（Solutions Staffing）大家庭裡的每一個人。佩格·瑪堤維（Peg Mativi）是我的第二個母親。我學到的很多事都是她教我的，尤其是看重利潤勝過營收的法則（這一點可以嘉惠很多人）。吉歐夫·傅倫（Geoff Fullen）是我的犯罪搭檔。我們從小就一起工作，製造混亂、犯下錯誤，並一起創辦一家

出色的公司。他教了我很多，我們這一輩子都會是兄弟。
布蘭迪‧湯普森（Brandy Thompson）、艾美‧恩格拉特
（Amy Englert）、貝琪、古凱（Becky Kukay）、朗恩‧
辛庫（Ron Zinko）、麥特‧武藍德（Matt Woodland）、
凱莉‧斯泰恩杜芙（Kelly Stinedurf）以及解決方案人力
公司裡的其他員工，是這個領域裡全世界最棒的一群人，
無論何時何地，我都會為了他們站出來對抗任何團隊。

　　瑪莉‧維娜吉（Mary Vinnedge）是《成功雜誌》
（SUCCESS Magazine）派給我的編輯，在這本書成形付
梓的過程中居功厥偉。貝瑞‧福克斯（Barry Fox）幫我
很多，教我簡練用字，並一路負責審稿。泰德‧齊尼（Ted
Kinni）指引我方向，讓我知道怎麼樣編排本書最好，並
在我撰寫四項要素時幫助我，大大提升本書品質。

　　我要感謝貝絲‧瑪斯特（Beth Mastre）、海瑟‧梅
（Heather May）、布萊恩‧湯瑪斯（Bryan Thomas）、
麥特‧斯提勒（Matt Steele）、凱瑟‧巴布－埃特（Casey
Bobb-Etter）、大衛‧斯畢克曼（David Speakman）、史
帝夫‧拜恩（Steve Byrne）、馬爾坎‧辛立（Malcolm
Hingley）、麥克‧薛瑞登（Mike Sheridan）、瑞
奇‧阿瑞拉（Ricky Arriola）、傑森‧薛倫肯（Jason
Schlenker）、思考銷售（ThinkSales）的安德魯和妮可‧
杭尼（Andrew and Nicole Honey）、艾美‧麥托賓（Amy

McTobin）以及我在基諾皮克斯（Kinopicz）的諸位好友：法蘭契斯科（Francesco）、達米安（Damian）、安珀（Amber）與戴夫（Dave）。

我怎麼能不對我的「部落」致上感謝之意就停筆呢？當然要特別感謝麥可·韋伯格（Mike Weinberg）、馬克·杭特（Mark Hunter）、麥爾斯·奧斯丁（Miles Austin）、傑伯·伯朗特（Jeb Blount）、約翰·史班斯（John Spence）、麥可·昆克（Mike Kunkle）、蓮恩·郝格蘭·史密斯（Leann Hoagland Smith）、麥特·海因斯（Matt Heinz）、蘿莉·李察森（Lori Richardson）、道格·萊斯（Doug Rice）、保羅·麥柯德（Paul McCord）、提博·山多（Tibor Shanto）、艾倫·梅爾（Alen Mayer）、鮑伯·海曼（Bob Terson）、卡琳·巴藍托尼（Karin Bellantoni）、凱莉·羅伯森（Kelley Robertson）、陶德·薛尼克（Todd Schnick）、艾麗絲·海曼（Alice R. Heiman）、蓋瑞·哈特（Gary Hart）、南西·娜汀（Nancy Nardin）、安迪·保羅（Andy Paul）、史蒂芬·羅森（Steven Rosen）、艾琳娜·司徒茲（Elinor Stutz）、理查·魯夫（Richard Ruff），以及珍娜·絲皮瑞（Janet Spirer）、黛安娜·吉琳（Dianna Gearin）、黛博·卡維特（Deb Calvert）、傑克·馬爾坎（Jack Malcolm）、傑夫·畢爾斯（Jeff Beals）、吉姆·

基南（Jim Keenan）、芭貝特・談・哈肯（Babbette Ten Haken）、丹恩・瓦德許密特（Dan Waldschmidt）、提姆・歐海（Tim Ohai）、凱利・瑞格絲（Kelly Riggs）、多利安・琳恩・辛蒂（Dorian Lynn Hidy）、道爾・斯萊頓（Doyle Slayton）及凱麗・麥可密克（Kelly McCormick）。

我也必須感謝某些未正式成為部落成員的人們與心靈導師，包括在信任這個主題上最具全球權威的查理・葛林（Charlie Green）；我的兄弟克里斯・布洛根（Chris Brogan），在我學到如何運用社交工具的知識當中，他教我最多；聰明的戴夫・布洛克（Dave Brock），當我在銷售領導方面需要建議時，就會去找他；吉爾・康耐斯（Jill Konrath），她花了好幾個鐘頭教我如何撰寫與演講商業主題。鮑伯・柏格（Bob Burg）是益友，當我需要時永遠都願意拉我一把。我也要感謝傑哈德・葛史汪納德（Gerhard Gschwandtner）這位我獨一無二的奧地利兄弟。

銷售結果並非看情況而定，關鍵在個人。

銷售的成就繫於你的身上。

在銷售成功的祕方裡，沒有其他因素比你更重要。

財經企管 BCB669

金牌業務：
9 種心態＋8 項技巧，決定你的業績表現

The Only Sales Guide You'll Ever Need

國家圖書館出版品預行編目（CIP）資料

金牌業務：9 種心態＋8 項技巧，決定你的業績表
現／安東尼‧伊安納里諾（Anthony Iannarino）
著；吳書榆譯 . -- 第一版 . -- 臺北市：遠見天下文化，
2019.05
288 面；14.8×21 公分 . --（財經企管；BCB669）
譯自：The Only Sales Guide You'll Ever Need

ISBN 978-986-479-691-5（平裝）

1. 銷售　2. 銷售員　3. 職場成功法

496.5　　　　　　　　　　　　　　108007677

作者 —— 安東尼‧伊安納里諾　Anthony Iannarino
譯者 —— 吳書榆

總編輯 —— 吳佩穎
書系主編 —— 蘇鵬元
責任編輯 —— 王映茹、張靜芬（特約）
封面設計 —— 姚佳玲

出版者 —— 遠見天下文化出版股份有限公司
創辦人 —— 高希均、王力行
遠見‧天下文化 事業群榮譽董事長 —— 高希均
遠見‧天下文化 事業群董事長 —— 王力行
天下文化社長 —— 林天來
國際事務開發部兼版權中心總監 —— 潘欣
法律顧問 —— 理律法律事務所陳長文律師
著作權顧問 —— 魏啟翔律師
社址 —— 臺北市 104 松江路 93 巷 1 號
讀者服務專線 —— 02-2662-0012 ｜ 傳真 —— 02-2662-0007；02-2662-0009
電子郵件信箱 —— cwpc@cwgv.com.tw
直接郵撥帳號 —— 1326703-6 號　遠見天下文化出版股份有限公司

電腦排版 —— 綠貝殼資訊有限公司
製版廠 —— 中原造像股份有限公司
印刷廠 —— 中原造像股份有限公司
裝訂廠 —— 中原造像股份有限公司
登記證 —— 局版台業字第 2517 號
總經銷 —— 大和書報圖書股份有限公司 ｜ 電話 —— 02-8990-2588
出版日期 —— 2019 年 05 月 31 日第一版第一次印行
　　　　　　2023 年 11 月 13 日第一版第五次印行

定價 —— 350 元
ISBN —— 978-986-479-691-5
書號 —— BCB669
天下文化官網 —— bookzone.cwgv.com.tw